致五年后的自己

——张民才

只为情怀

ZHIWEI QINGHUAI

张民才 著

内蒙古科学技术出版社

图书在版编目（CIP）数据

只为情怀 / 张民才著. —赤峰：内蒙古科学技术出版社，2017.8（2022.1重印）
ISBN 978-7-5380-2836-2

Ⅰ. ①只… Ⅱ. ①张… Ⅲ. ①人生哲学—通俗读物 Ⅳ. ①B821-49

中国版本图书馆CIP数据核字（2017）第196443号

只为情怀

作　　者：	张民才
责任编辑：	那　明
封面设计：	永　胜
出版发行：	内蒙古科学技术出版社
地　　址：	赤峰市红山区哈达街南一段4号
网　　址：	www.nm-kj.cn
邮购电话：	(0476) 5888903
排版制作：	赤峰市阿金奈图文制作有限责任公司
印　　刷：	三河市华东印刷限公司
字　　数：	285千
开　　本：	880mm×1230mm　1/32
印　　张：	12.375
版　　次：	2017年8月第1版
印　　次：	2022年1月第3次印刷
书　　号：	ISBN 978-7-5380-2836-2
定　　价：	68.00元

前　言

　　人生不"过"而已！"过"有三义：一曰"错误"，二曰"经历"，三曰"超越"。正是基于此三境，构建教育三部曲《人生从此扎根》《看得见的时光》《只为情怀》，本书是三部曲之终结篇。

　　本书旨在探寻人生的真谛，找寻人生的方向、价值与意义，故分为十二个主题，每个主题又分十个相关点。将经济学与管理学理念融入情怀，入世不可避免地谈及"经济人生"与"管理自己"；《三国演义》尽显男儿本色，《红楼梦》历数女儿不同命运，每个人行走在演义与追梦的路上；三十六计拓展思维视角，人生需要设计；东坡轨迹看见不凡人生，人生不乏榜样；中外寓言点燃智慧的火花，以史为鉴掀开历史的画卷。从入世与出世、男儿与女儿、理想与现实、古今中外等各个侧面分析人性，思考教育本质，成就美好人生，谱写岁月之歌。

　　生活在现实世界，奔波于信息世界，如何呵护自己的心灵世界？情怀就是心灵世界最美的彩虹。教育当如此用心尽力，人性才有美好未来。凡关心教育的人士，若以此书为引，必将发现人类之光明。

　　《只为情怀》是反思人生之作，为教育提供心灵范本。

目 录

一、人性的追问　爱—责任—坚持—信仰—情怀 ……………… 1
　　经济人生：经济与人生 ………………………………………… 2
　　管理自己：系统管理 …………………………………………… 4
　　三国演义：曹操 ………………………………………………… 6
　　红楼追梦：薛宝钗 ……………………………………………… 10
　　三十六计：胜战计·岁月是一种记忆 ………………………… 13
　　东坡轨迹：简历 ………………………………………………… 15
　　中外寓言：南辕北辙　龟兔赛跑 ……………………………… 18
　　以史为鉴：孔子世家 …………………………………………… 21
　　教育思考：书写年轮 …………………………………………… 27
　　岁月如歌：甜蜜蜜 ……………………………………………… 29

二、人生的三大梦想　智慧、幸福、爱情 ……………………… 31
　　经济人生：囚徒困境 …………………………………………… 32
　　管理自己：组织文化 …………………………………………… 34
　　三国演义：诸葛亮 ……………………………………………… 37
　　红楼追梦：林黛玉 ……………………………………………… 39

·1·

三十六计:胜战计·世界已被符号化……41

东坡轨迹:伴侣……44

中外寓言:守株待兔 农夫与他的儿子们……48

以史为鉴:项羽本纪……51

教育思考:有故事的人……55

岁月如歌:光阴的故事……57

三、人活着的存在形式 习惯……59

经济人生:选择……60

管理自己:环境……62

三国演义:赵云……64

红楼追梦:元春……66

三十六计:敌战计·生活即运算……67

东坡轨迹:故乡……70

中外寓言:亡羊补牢 狼来了……72

以史为鉴:礼书……74

教育思考:坚持是一种力量……76

岁月如歌:沧海一声笑……78

四、永恒的反思 人……79

经济人生:交换……80

管理自己:变革……82

三国演义:刘备……84

红楼追梦:探春……86

三十六计:敌战计·等式与不等式的辩证关系……88

东坡轨迹：兄弟 ·· 90

中外寓言：狐假虎威　磨坊主和儿子与驴子 ········· 92

以史为鉴：廉颇蔺相如列传 ······························ 95

教育思考：青春是一部小说 ······························ 100

岁月如歌：光辉岁月 ·· 103

五、思想者的灵魂之道　心 ···························· 107

经济人生：供给与需求 ···································· 108

管理自己：直觉 ·· 110

三国演义：司马懿 ··· 112

红楼追梦：史湘云 ··· 114

三十六计：攻战计·我和函数有个约会 ············· 116

东坡轨迹：功名 ·· 118

中外寓言：惊弓之鸟　农夫和蛇 ······················ 122

以史为鉴：乐书 ·· 124

教育思考：呵护心灵 ·· 129

岁月如歌：一生中最爱 ···································· 131

六、人的影响　环境 ·· 133

经济人生：生产成本 ·· 134

管理自己：项目管理 ·· 136

三国演义：孙权 ·· 139

红楼追梦：妙玉 ·· 141

三十六计：攻战计·图像变换编织视觉世界 ······ 143

东坡轨迹：才华 ·· 145

中外寓言:刻舟求剑　家狗和狼 ………………………… 148
以史为鉴:货殖列传 …………………………………………… 150
教育思考:教育即生活 ………………………………………… 153
岁月如歌:当爱已成往事 ……………………………………… 155

七、成长与学习的品质　过 …………………………………… 159

经济人生:全球化 ……………………………………………… 160
管理自己:人格 ………………………………………………… 162
三国演义:关羽 ………………………………………………… 164
红楼追梦:迎春 ………………………………………………… 167
三十六计:混战计·函数性质凸显人生际遇 ………………… 168
东坡轨迹:品格 ………………………………………………… 173
中外寓言:掩耳盗铃　肚胀的狐狸 ………………………… 176
以史为鉴:游侠列传 …………………………………………… 178
教育思考:过 …………………………………………………… 182
岁月如歌:吻别 ………………………………………………… 183

八、世间的相对与绝对　|苦痛|＝|幸福| …………………… 187

经济人生:货币 ………………………………………………… 188
管理自己:归因理论 …………………………………………… 190
三国演义:周瑜 ………………………………………………… 192
红楼追梦:惜春 ………………………………………………… 193
三十六计:混战计·幂函数诉说天之真 ……………………… 195
东坡轨迹:杭州 ………………………………………………… 197
中外寓言:自相矛盾　蚊子和狮子 ………………………… 199

以史为鉴：越王勾践世家⋯⋯⋯⋯⋯⋯⋯⋯⋯⋯⋯⋯⋯⋯⋯⋯⋯ 201

教育思考：相对论⋯⋯⋯⋯⋯⋯⋯⋯⋯⋯⋯⋯⋯⋯⋯⋯⋯⋯⋯⋯ 209

岁月如歌：为爱痴狂⋯⋯⋯⋯⋯⋯⋯⋯⋯⋯⋯⋯⋯⋯⋯⋯⋯⋯ 211

九、人生留痕　深刻性⋯⋯⋯⋯⋯⋯⋯⋯⋯⋯⋯⋯⋯⋯⋯⋯ 215

经济人生：市场⋯⋯⋯⋯⋯⋯⋯⋯⋯⋯⋯⋯⋯⋯⋯⋯⋯⋯⋯⋯ 216

管理自己：创造力⋯⋯⋯⋯⋯⋯⋯⋯⋯⋯⋯⋯⋯⋯⋯⋯⋯⋯⋯ 217

三国演义：鲁肃⋯⋯⋯⋯⋯⋯⋯⋯⋯⋯⋯⋯⋯⋯⋯⋯⋯⋯⋯⋯ 219

红楼追梦：王熙凤⋯⋯⋯⋯⋯⋯⋯⋯⋯⋯⋯⋯⋯⋯⋯⋯⋯⋯⋯ 220

三十六计：并战计·指数函数诉说人之善⋯⋯⋯⋯⋯⋯⋯⋯⋯ 222

东坡轨迹：黄州⋯⋯⋯⋯⋯⋯⋯⋯⋯⋯⋯⋯⋯⋯⋯⋯⋯⋯⋯⋯ 224

中外寓言：黔驴技穷　老鼠开会⋯⋯⋯⋯⋯⋯⋯⋯⋯⋯⋯⋯⋯ 226

以史为鉴：商君列传⋯⋯⋯⋯⋯⋯⋯⋯⋯⋯⋯⋯⋯⋯⋯⋯⋯⋯ 228

教育思考：钉子精神⋯⋯⋯⋯⋯⋯⋯⋯⋯⋯⋯⋯⋯⋯⋯⋯⋯⋯ 237

岁月如歌：我心永恒⋯⋯⋯⋯⋯⋯⋯⋯⋯⋯⋯⋯⋯⋯⋯⋯⋯⋯ 239

十、人生的风向标　选择⋯⋯⋯⋯⋯⋯⋯⋯⋯⋯⋯⋯⋯⋯⋯ 241

经济人生：GDP⋯⋯⋯⋯⋯⋯⋯⋯⋯⋯⋯⋯⋯⋯⋯⋯⋯⋯⋯⋯ 242

管理自己：目标⋯⋯⋯⋯⋯⋯⋯⋯⋯⋯⋯⋯⋯⋯⋯⋯⋯⋯⋯⋯ 244

三国演义：荀攸⋯⋯⋯⋯⋯⋯⋯⋯⋯⋯⋯⋯⋯⋯⋯⋯⋯⋯⋯⋯ 246

红楼追梦：巧姐⋯⋯⋯⋯⋯⋯⋯⋯⋯⋯⋯⋯⋯⋯⋯⋯⋯⋯⋯⋯ 247

三十六计：并战计·对数函数诉说地之美⋯⋯⋯⋯⋯⋯⋯⋯⋯ 248

东坡轨迹：惠州⋯⋯⋯⋯⋯⋯⋯⋯⋯⋯⋯⋯⋯⋯⋯⋯⋯⋯⋯⋯ 250

中外寓言：拔苗助长　狐狸和山羊⋯⋯⋯⋯⋯⋯⋯⋯⋯⋯⋯⋯ 252

以史为鉴：陈涉世家⋯⋯⋯⋯⋯⋯⋯⋯⋯⋯⋯⋯⋯⋯⋯⋯⋯⋯ 254

教育思考：知道自己 …………………………………… 260

岁月如歌：突然的自我 ………………………………… 262

十一、撬动人生　突破 …………………………………… 265

经济人生：竞争 ………………………………………… 266

管理自己：激励 ………………………………………… 268

三国演义：陆逊 ………………………………………… 271

红楼追梦：李纨 ………………………………………… 272

三十六计：败战计·分类讨论简化忙碌人生 ………… 274

东坡轨迹：儋州 ………………………………………… 276

中外寓言：杯弓蛇影　乌鸦喝水 ……………………… 278

以史为鉴：淮阴侯列传 ………………………………… 280

教育思考：看破 ………………………………………… 299

岁月如歌：千里之外 …………………………………… 302

十二、自己是自己世界的主宰　改变 …………………… 307

经济人生：信息 ………………………………………… 308

管理自己：控制 ………………………………………… 309

三国演义：邓艾 ………………………………………… 311

红楼追梦：秦可卿 ……………………………………… 313

三十六计：败战计·数形结合缔造完美生活 ………… 316

东坡轨迹：年谱 ………………………………………… 318

中外寓言：画蛇添足　狐狸和葡萄 …………………… 320

以史为鉴：太史公自序 ………………………………… 322

教育思考：生命的要义 ………………………………… 327

岁月如歌：我的天空 ………………………………………… 329

过去　人生元年 ……………………………………………… 332
现在　中学教师专业轨迹 …………………………………… 340
将来　21世纪学校：科学与哲学的相遇 …………………… 351

一、人性的追问

爱—责任—坚持—信仰—情怀

经济人生：经济与人生

理论与实践结合绕不过组织——共体，刺激与反应联结绕不过大脑——个体。经济全球化的当今世界，信息无所不在。面对现实，我们不乏知识，但是如何获取知识并成功运用知识，这是经济学思维引领我们发现不一样世界的关键。

经济学可以分为两个基本板块：微观经济学和宏观经济学。微观经济学解决个人、企业及行业决策问题。宏观经济学致力于研究更广泛的国家问题，如通货膨胀、就业和失业以及经济增长等。经济学利用程式化的方法，保持所有其他相关因素不变，建立简单的模型。经济学家和决策者通常要面对效率和公平之间的权衡问题。

经济学的基本思想：

（一）资源有限，欲望无限，占有和稀缺性是冲突的。经济学通常被定义为研究如何将有限的资源分配到无限的需求中的学科。

（二）机会成本是指能够用于其他行动的资源（时间和金钱等），

它主宰着我们的生活。我们所做的每一件事都包含着机会成本。

（三）理性行为要求考虑边际量。

（四）人们遵循激励原则。

（五）市场是有效的。市场将买家和卖家联系在一起，竞争促使企业不得不以最低的可能价格来提供产品，否则其他企业就会降低价格。新产品进入市场，旧市场遭到淘汰，这种动态性保证了市场的有效性。

（六）政府必须应对市场失灵。尽管市场通常是有效的，但有时也会存在无效的现象。

（七）信息很重要。可靠的信息使得经济参与者占据决策优势，有时信息优势能够导致市场功能失调。

（八）专业化和贸易提高了我们的生活水平。贸易使得更好的产品价格更低，一国通过生产与他国相比具有比较优势的产品来实现经济增长。

（九）生产力决定我们的生活水平。那些人均收入较高的国家通常也是生产效率较高的国家。

（十）政府能够平抑整体经济波动。

管理自己：系统管理

　　管理是指通过与其他人共同努力，既有效率又有效果地把事情做好的过程。效率是指正确地做事，效果是指做正确的事。

　　管理者做什么可以通过三种观点来描述：职能的观点、角色的观点和技能的观点。职能的观点是指管理者要执行计划、组织、领导和控制四项基本职能。角色的观点是指管理者要具备人际关系职能、信息转换职能、决策职能。技能的观点是指管理者要具备概念技能、人际关系技能、技术技能、政治技能。

　　当代管理方法认为，一个组织从环境中获取输入资源，包括原材料、人力资源、资本、技术、信息、政策等从业现状，将这些资源加工转化为输出，输出结果包括人事结果、财务结果、信息结果、产品结果、服务结果等转换结果。在此过程中，程序设置标准系数与选择路径不断优化程序运行系统，同时在程序设置过程中注意组织规模、技术更新、环境变化、个体差异、政策改变等相关影响要素。

变与不变，变什么与不变什么，这是管理者一直需要关注并解决的问题。在管理学的发展过程中，组织形式、社会进步、专业分工、科学管理、定量分析、行为研究、质量管理、系统管理、信息技术等一直是管理学的标志性表现。

人离不开社会，社会离不开管理，人与管理息息相关，洞察管理系统，梳理生活轨迹，在服从社会管理的同时更要注重管理自己的人生。

三国演义：曹操

改变历史的人物之一。表现点：

政治方面，曹操在北方屯田，兴修水利，发展农业，用人唯才，抑制豪强，加强集权，实行一系列政策恢复经济生产和社会秩序，奠定了曹魏立国的基础。

军事方面，曹操消灭了众多割据势力，统一了中国北方和南方大部分区域。官渡之战，袁绍不敌曹操，双方九年对峙，胜败决定了历史的走向。曹操在官渡之战后期曾书与谋士荀彧，议欲还许都，荀彧以为："绍悉众聚官渡，欲与公决胜败。公以至弱当至强，若不能制，必为所乘，是天下之大机也。且绍，布衣之雄耳，以聚人而不能用。夫以公之神武明哲而辅以大顺，何向而不济！"双方胜负关键在于粮草。第一次，袁绍数千辆粮车来到，曹操采用荀攸计策，将运粮车全部烧毁。第二次，许攸向曹操献计攻打袁绍的运粮队伍，大败淳于琼，牵一发动全身，张郃归降，大胜袁绍。《三国志》记载：初，绍与操共起兵，绍问操曰："若事不辑，则方面何所可据？"操曰："足下意以为何如？"绍曰："吾南据河，北阻燕、代，兼戎狄之众，南向以争天下，庶可以济乎？"操曰："吾任天下之智力，以道御之，无所不可。"

文学方面，曹操是建安文学的代表，史称"建安风骨"。如果用曹操的三首诗表达青年、中年、老年的三个心境，那么《短歌行》《观沧海》《龟虽寿》则非常恰当。

《短歌行》

对酒当歌，人生几何？譬如朝露，去日苦多。

慨当以慷，忧思难忘。何以解忧？唯有杜康。

青青子衿，悠悠我心。但为君故，沉吟至今。

呦呦鹿鸣，食野之苹。我有嘉宾，鼓瑟吹笙。

明明如月，何时可掇？忧从中来，不可断绝。

越陌度阡，枉用相存。契阔谈䜩，心念旧恩。

月明星稀，乌鹊南飞。绕树三匝，何枝可依？

山不厌高，海不厌深。周公吐哺，天下归心。

《观沧海》

东临碣石，以观沧海。水何澹澹，山岛竦峙。

树木丛生，百草丰茂。秋风萧瑟，洪波涌起。

日月之行，若出其中。星汉灿烂，若出其里。

幸甚至哉！歌以咏志。

《龟虽寿》

神龟虽寿，犹有竟时。螣蛇乘雾，终为土灰。

老骥伏枥，志在千里。烈士暮年，壮心不已。

盈缩之期，不但在天。养怡之福，可得永年。

幸甚至哉！歌以咏志。

究其曹操个人，可谓非常之人，超世之杰！目光远大，壮志雄心，具有百折不挠的勇气与顽强的毅力。一生戎马，征战一生。具有过人的胆识和谋略，善于发现人才和使用人才。精通兵法，注解《孙子兵法》。文采风流，喜欢读书，诗歌慷慨悲凉，开创建安文学，喜爱书法、围棋。曹操的"宁教我负天下人，不教天下人负我"也暴露了其为人的残忍，以致多人死于曹操之手。

曹操一生大事记：

公元200年10月，曹操在官渡以少胜多，大败河北袁绍。

公元201年，在仓亭再次击破袁绍大军。

公元207年12月，北伐三郡乌桓，彻底铲除了袁氏残余势力，基本统一了中原地区。

公元208年，曹操就任东汉帝国丞相。7月，曹操南征荆州刘表，12月在赤壁（今湖北黄冈）与孙刘联军作战，失利。

公元211年7月，曹操率军西征，击败了以马超为首的关中诸军，构筑了整个魏国基础。

公元213年，汉献帝派御史大夫郗虑册封曹操为魏公，以冀州、并州等十郡为魏国封地，于邺城建立魏王宫铜雀台，享有天子之制，获得"参拜不名、剑履上殿"的至高权力。

公元215年，攻占阳平关，击败、降服了汉中张鲁。

公元216年，汉献帝册封曹操为魏王。

公元220年3月15日,曹操于洛阳病逝,享年66岁,谥号"武王",死后葬于高陵。曹丕继位后不久称帝,追谥曹操为"武皇帝",庙号"太祖",史称魏武帝。

曹操的一生,可谓传奇的一生!

红楼追梦：薛宝钗

终身误

都道是金玉良姻，俺只念木石前盟。空对着，山中高士晶莹雪；终不忘，世外仙姝寂寞林。叹人间，美中不足今方信。纵然是齐眉举案，到底意难平。

薛宝钗，中国古典名著《红楼梦》的女主角，是金陵十二钗正册之首、群芳之冠，男主角贾宝玉的姨表姐、妻子。宝钗容貌丰美，举止娴雅，品德高尚，愤世嫉俗，心系苍生，通达了悟。父亲早亡，有母（薛姨妈）和一兄（薛蟠）。宝钗进京后与母亲薛姨妈、哥哥薛蟠暂住于贾府，不久搬出。

薛宝钗人格魅力之一是艳冠群芳，薛宝钗人格魅力之二是才华横溢，薛宝钗人格魅力之三是善解人意，薛宝钗人格魅力之四是金玉良缘。宝钗身上挂有一把金锁，刻着"不离不弃，芳龄永继"八字箴言，与贾宝玉随身所载之玉上所刻"莫失莫忘，仙寿恒昌"恰好是一对，所以宝钗与宝玉之间有美满而伟大的"金玉姻缘"。后来宝玉与薛宝钗成婚，婚后不久，宝玉在宝钗劝导下变成顽石，薛宝钗虽离别亦能自安。

薛宝钗所患之病叫"热毒"。因为"凡心偶炽"，所以她会热忱关心社会，并思考国家大政方面的问题。宝钗之"毒"乃是愤世嫉俗之"毒"，是"讽刺世人"（曹雪芹语）和"讽刺时事"（脂砚斋语）之"毒"。从世俗功利角度看，这当然是一种"贻害于子女"且需要医治的疾病。从佛、道等"出世"哲学的角度看，一个人若是过分沉溺于忧世、愤世的情结之中而不能自拔，这将会妨碍她走向大彻大悟的精神世界。因而这也是一种需要用道锋、禅机将其清凉下来的"孽火"。故此，作者才借癞头和尚之手，又为宝钗开出了名曰"冷香丸"的药方。只是宝钗虽然亦有着"凡心偶炽"的"热毒"之疾，但她的"热"与"毒"均来自于她内心强烈的社会正义感。并不像原著中的王熙凤等那样痴迷于世俗的名位和财势。所以，宝钗"热毒"之疾并不要紧，是可以医治的。冷香丸的配方中，春、夏、秋、冬四季合起来就是"炎凉"二字。蜂蜜、白糖味甘，黄柏性苦，合起来就是"甘苦"二字。"白"者，纯色也。"蕊"者，花之精髓也。牡丹、荷花、芙蓉、梅花在中国传统文化中，又分别象征了高贵、淡雅、娇艳、坚贞四种品性。所以整个一副"冷香丸"配方的寓意，就是要宝钗历尽世态炎凉，尝遍人间甘苦，经过苦修苦练，来获得如癞僧、跛道那样的"见素抱朴"的思想精髓，成为同时具备高贵、淡雅、娇艳、坚贞四方面美质的女性。而事实上，宝钗很快就接受了癞头和尚的这么一番带有象征意味的忠告，自觉自愿地修炼起自己的品格。宝钗所偏爱的乃是"雪洞"一般朴素之极的居室布置,所坚守的也是"人谓藏愚,自云守拙"的一套行事准则。她既能像白牡丹、白梅花一样不畏权势,又敢于"借蟹讥权贵"。像白荷花、白芙蓉一样娇嫩可爱,因此,宝钗的这种精神也正好代表了金陵十二钗中最高的思想境界和修行成就。自癞头和尚走后,宝钗竟然能用一两年的时间将如此难得凑齐的各种药物全部搜集齐全,配为成药。这显然说明宝钗的确与癞头和尚天生有缘,或者说恰恰是宝钗天生就有的诸多美好潜质,才使得她毫不困难地获得了如此之多、如此巧合的机缘。

宝钗园内居所——梨香院,蘅芜苑;花名签——牡丹。

红楼梦引子

开辟鸿蒙,谁为情种?都只为风月情浓。趁着这奈何天、伤怀日、寂寥时,试遣愚衷。因此上,演出这怀金悼玉的《红楼梦》。

从情之意义分析作品人物,问世间情为何物?世间凡人皆因情生,皆因悟苦,皆因欲亡。情关乎品性,悟关乎知性,欲关乎行性。人生旅程也就是在品、知、行的各项指标上建立的个人相关轨迹。

三十六计：胜战计·岁月是一种记忆

第一计　瞒天过海【原典】备周则意怠，常见则不疑。阴在阳之内，不在阳之对。太阳，太阴。

第二计　围魏救赵【原典】共敌不如分敌，敌阳不如敌阴。

第三计　借刀杀人【原典】敌已明，友未定，引友杀敌，不自出力，以《损》推演。

从初中到高中，学生应重新做一次检索，将初中所学知识进一步精简并适当拓展，深化知识内涵与外延，使理性达到一定高度。初中主要知识点归纳如下：

● 代数式：因式分解与整式运算、十字相乘法；

● 方程：一元二次方程、判别式与韦达定理、求根公式、配方法；

● 三角形：三角形四心、角平分线定理、勾股定理与射影定理、三角函数相关、全等证明；

● 四边形：平行四边形性质与判定；

● 圆：圆的相关结论；

● 概率统计：公式；

● 生活与实践：实例。

从初中到高中，人生又向前迈进一步。青春意气风发之时，人生志向扬帆之机。勿忘提醒自己，青春是一段岁月，岁月是一种记忆，想要记忆少一些遗憾，多一些美好，足下的脚步就要扎实，切勿"瞒天过海"。面对生活的不如意，大可"围魏救赵"，路程可以不同，目标仍能达到。每一次际遇的改变，群体都发生变化，人类群居而生，自己对自己的不足要敢于"借刀杀人"。成长的路上，扬长避短，拿得起，更要放得下。

生活不乏思想，学习不乏思维。人，三思而行；计，不分好坏，关键在于人如何运用，从中汲取思想，拓展思维，人类的智慧应运而生。

人生，勇敢入世，千万小心——

千变万化，千方百计（坚定信念）；

千差万别，千锤百炼（顽强拼搏）；

千奇百怪，千丝万缕（发现规律）；

千辛万苦，千真万确（追寻真理）；

千呼万唤，千言万语（真实表达）；

千山万水，千秋万代（始终如一）。

说一千，道一万，人生，千万珍惜！

东坡轨迹：简历

姓名：苏轼。

别称：苏东坡、苏文忠。

字号：字子瞻，号东坡。

时代：北宋。

民族：汉族。

籍贯：四川眉山（今属四川省眉山市）。

出生时间：1037年1月8日。

去世时间：1101年8月24日。

职业：文学家、画家、书法家。

主要作品：《东坡七集》《东坡易传》《东坡乐府》等。

主要成就："唐宋八大家"之一，豪放派主要代表，"宋四家"之一。

追赠：太师。

谥号：文忠。

林语堂的评价："苏东坡是个秉性难改的乐天派，是悲天悯人的道德家，是黎民百姓的好朋友，是散文作家，是新派的画家，是伟大的书法家，是酿酒的实验者，是工程师，是假道学的反对派，是瑜伽术的修炼者，是佛教徒，是士大夫，是皇帝的秘书，是饮酒成瘾者，是心肠慈悲的法官，是政治上的坚持己见者，是月下的漫步者，是诗人，是生性诙谐爱开玩笑的人。"

钱穆的评价：①苏东坡诗之伟大，因他一辈子没有在政治上得意过。他一生奔走潦倒，波澜曲折都在诗里见。但苏东坡的儒学境界并不高，在他身处艰难的环境中，他的人格是伟大的，像他在黄州和后来在惠州、琼州的一段。那个时候诗都好，可是一安逸下来，就有些不行，诗境未免有时落俗套。东坡诗之长处，在有豪情，有逸趣。其恬静不如王摩诘，其忠恳不如杜工部。②他们（苏氏兄弟）的学术因罩上一层极厚的释老的色彩，所以他们对于世务，认为并没有一种正面的、超出一切的理想标准。他们一面对世务却相当练达，凭他们活的聪明来随机应付。他们亦并不信有某一种制度，定比别一种制度好些。但他们的另一面，又爱好文章辞藻，所以他们持论，往往渲染过分，一说便说到尽量处。近于古代纵横的策士。

我认为，苏轼是中国从古至今坚持"中庸"之道最好的一位伟人，苏轼的一生，漂浮在一叶扁舟之上，历经风浪无数，仍谱写了无数壮丽的诗篇，直至终老。所谓"中庸"之道绝非明哲保身、委曲求全，苏轼有自己的坚持，看似潦倒曲折，实则一直走在正确的道路上。苏轼将自己的人生张力发挥极致而继续前行，成为"读万卷书，行万里路"的古今第一人,成为于家于国于社会都有所贡献的完人。如果一定要说苏轼的过失,那就是苏轼太强了,时代不能容忍一个有如此高度的人,正如苏轼自己所说:"一肚子的不合时宜。"足迹遍及全国各地。苏轼是古代最有时空感的人,他的思想超越了时空,穿越了历史。

中外寓言：南辕北辙　龟兔赛跑

南辕北辙

魏王想去攻打邯郸。正出使别国的季梁听说后，走到半路赶紧折回来，衣服上的皱褶顾不得整理平整，脸上的尘垢也顾不得洗干净，急急忙忙去见魏王，说："这回我从外地回来，在太行山脚下碰见一个人，正坐在他的马车上，面朝北面，告诉我说，他要到楚国去。我对他说：'您去楚国，楚国在南面，您为什么向北走呢？'他说：'我的马好。'我说：'您的马虽然好，但这不是去楚国的路啊！'他又说：'我的路费很充足。'我说：'你的路费虽然多，但这不是去楚国的路啊！'他又说：'给我驾车的人本领很高。'他不知道方向错了，赶路的条件越好，离楚国的距离就会越远。现在大王动不动就想称霸诸侯，办什么事都想取得天下的信任，依仗自己国家强大，军队精锐,而去攻打邯郸,想扩展地盘抬高声望,岂不知您这样的行动越多,距离统一天下为王的目标就越远,这正像要去楚国却向相反方向走的行为一样啊!"

龟兔赛跑

兔子长了四条腿,一蹦一跳,跑得可快啦。乌龟也长了四条腿,爬呀,爬呀,爬得真慢。

有一天,兔子碰见乌龟,笑眯眯地说:"乌龟,乌龟,咱们来赛跑,好吗?"乌龟知道兔子在开它玩笑,瞪着一双小眼睛,不理也不睬。兔子知道乌龟不敢跟它赛跑,高兴地摆动着耳朵直跳,还编了一支山歌笑话乌龟:"乌龟,乌龟,爬爬,一早出门采花;乌龟,乌龟,走走,傍晚还在门口。"乌龟生气了,说:"兔子,兔子,你别神气啦,咱们就来赛跑吧!""什么,什么?乌龟,你说什么?"兔子问。

乌龟说:"咱们这就来赛跑。"兔子一听,差点笑破了肚子:"乌龟,你真敢跟我赛跑?那好,咱们从这儿起跑,看谁先跑到那边山脚下的一棵大树下。预备!一,二,三……"兔子撒开腿就跑,跑得真快,一会儿就跑得看不见了。兔子回头一看,乌龟才爬了一小段路呢,心想:乌龟敢跟我赛跑,真是天大的笑话!我呀,在这儿睡上一大觉,等它爬到这儿,不,等它爬到前面,我三蹦二跳的就会追上它的。"啦啦啦,啦啦啦,胜利准是我的嘛!"兔子把身子往地上一歪,合上眼皮,睡着了。再说乌龟,爬得也真慢,可是它一个劲儿地爬。爬呀,爬呀,爬,等爬到兔子身边,已经累坏了。兔子还在睡觉,乌龟也想休息一会儿,可它知道兔子跑得比自己快,只有坚持爬下去才有可能赢。于是,乌龟不停地往前爬、爬、爬。离大树越来越近了,只差几十步了,十几步了,几步了……终于到了。兔子呢?还在睡觉呢!兔子醒来后往后一看,咦,乌龟怎么不见了?再往前一看,哎呀,不得了了!乌龟已经爬到大树底下了。兔子一看可急了,急忙赶上去,可已经晚了,乌龟已经赢了,乌龟胜利了。

兔子跑得快,乌龟跑得慢,为什么这次比赛乌龟反而赢了呢?

以史为鉴：孔子世家

太史公曰：《诗》有之："高山仰止，景行行止。"虽不能至，然心乡往之。余读孔氏书，想见其为人。适鲁，观仲尼庙堂车服礼器，诸生以时习礼其家，余祗回留之不能去云。天下君王至于贤人众矣，当时则荣，没则已焉。孔子布衣，传十余世，学者宗之。自天子王侯，中国言六艺者折中于夫子，可谓至圣矣！

背景：春秋。

人物：孔子。

优点：顽强刻苦，虚心好学。知识渊博，诲人不倦。

缺点：宁知不可为而为之。

人生：坎坷周流，困顿不遇。

事件：年少好礼，师古从圣志向高远。

鲁国为政：不战而屈人之兵。

周游列国: 生死置之度外。

归鲁治学: 思想永放光芒。

孔子出生不久, 其父叔梁纥去世, 葬于防山, 防山在鲁国东部。孔子无法确知父亲的坟墓在何处, 母亲没有把父亲埋葬的地方告诉他。孔子小时候常常摆起各种祭器, 学做祭祀的礼仪动作。孔子的母亲死后, 就把灵柩暂且停放在五父之衢, 出于慎重考虑没有马上埋葬母亲。待知晓父亲埋葬地后, 孔子才把母亲灵柩迁去防山同父亲合葬。

齐鲁对话之一: 景公问政。

景公问政孔子, 孔子曰: "君君, 臣臣, 父父, 子子。"景公曰: "善哉! 信如君不君, 臣不臣, 父不父, 子不子, 虽有粟, 吾岂得而食诸!"他日又复问政于孔子, 孔子曰: "政在节财。"景公说, 将欲以尼溪田封孔子。晏婴进曰: "夫儒者滑稽而不可轨法; 倨傲自顺, 不可以为下; 崇丧遂哀, 破产厚葬, 不可以为俗; 游说乞贷, 不可以为国。自大贤之息, 周室既衰, 礼乐缺有间。今孔子盛容饰, 繁登降之礼, 趋详之节, 累世不能殚其学, 当年不能究其礼。君欲用之以移齐俗, 非所以先细民也。"后, 景公敬见孔子, 不问其礼。

景公与孔子的观点虽然达成一致, 但晏婴之言也道出儒家治国的要害之处: 过于礼, 过于繁, 缺乏创新与实践。

齐鲁对话之二: 齐鲁会晤。

鲁定公任命孔子做中都长官, 各地都效法他的治理办法。孔子便由中都长官提升为司空, 又由司空提升为大司寇。鲁定公十年春天，鲁国与齐国和解。到了夏天，齐国大夫黎鉏对景公说："鲁国起用了孔丘，势必危及齐国。"于是齐景公就派使者告诉鲁国，说要与鲁定公行友好会晤，约定会晤的地点在夹谷。鲁定公准备好车辆、随从毫无戒备地前去赴约。孔子以大司寇的身份，兼办会晤典礼事宜。定公在夹谷与齐侯相会。在那里修筑了盟坛，坛上备好席位，设置了三级登坛的台阶，用国君相遇的简略节相见，拱手揖让登坛。彼此馈赠应酬的仪式行过之后，齐国开始演奏四方各族的舞乐，有的头戴羽冠，身披皮衣；有的手执矛、戟、剑、楯等武器也跟着上台了，喧闹着一拥而上。孔子见状赶忙跑过来，快步登台，扬起衣袖一挥，陈明两国国君为和好而来相会，为什么在这里演奏夷狄的舞乐，请命令管事官员叫他们下去！齐景公心里很惭愧，挥手叫乐队退下去。齐国又演奏宫中的乐曲，一些歌舞杂技艺人和身材矮小的侏儒都上来表演了。孔子看了又急忙跑过来，陈明普通人敢来胡闹迷惑诸侯，论罪当杀！请命令主事官员去执行！于是主事官员依法将他们处以腰斩。齐景公大为恐慌，知道自己讲道理不如孔子，回国之后很是慌恐，退还了从前所侵夺的鲁国郓、汶阳、龟阴的土地，以此来向鲁国道歉并悔过。

齐鲁对话之三：离开鲁国。

鲁定公十四年，孔子五十六岁，由大司寇理国相职务，杀扰乱国政的大夫少正卯。孔子参与国政三个月，商人不敢漫天要价；男女行人分开走路；路不拾遗；至鲁者不用向官员们求情送礼，都能得到满意的照顾，宾至如归。齐国听到了这个消息就害怕了起来，孔子在鲁国执政下去，一定会称霸，一旦鲁国称霸，齐鲁相邻，必然会首先来吞并齐国。齐国欲先送一些土地给鲁国。齐国有人提议先试着阻止他们一下,如果不成,再送给他们土地。于是齐国挑选了八十个美貌女子,都穿上华丽的衣服,教她们学会跳《康乐》的舞蹈,把一百二十匹身上有花纹的马一起送给鲁君。先把女乐和纹马彩车安置在鲁城南面的高门外。季桓子身着便服前往观看再三,打算接受下来,就告诉鲁君以外出到各地周游视察为名,乘机整天到南门观齐国的美女和骏马,连国家的政事也懒得去管理了。在郊外祭祀结束后,又违背常礼,没把烤肉分给大夫们。孔子于是离开了鲁国。

孔子到卫国,卫灵公用之而不信任孔子,十个月后孔子离开了卫国。

孔子到陈国,经过一个叫匡的地方,匡人听说,误以为是鲁国的阳虎来了,阳虎曾经残害过匡人,于是匡人就围困了孔子。孔子的模样很像阳虎,所以被困在那里整整五天。匡人围攻孔子越来越急,弟子们都很害怕。孔子说:"文王既没,文不在兹乎?天之将丧斯文也,后死者不得与于斯文也。天之未丧斯文也,匡人其如予何?"

孔子到曹国,不遇。

孔子到宋国,与弟子们在大树下演习礼仪。宋国的司马桓魋想杀死孔子,就把树砍倒了,孔子只得离开这个地方。弟子们催促说:"我们可以快点走了。"孔子说:"天生德于予,桓魋其如予何?"

孔子到郑国,与弟子们走散了,孔子一个人站在外城的东门。郑国有人看见了就对子贡说:"东门有个人,他的额头像唐尧,脖子像皋陶,肩膀像郑子产,可是从腰部以下比禹短了三寸,一副狼狈不堪、没精打采的样子,真像一条丧家狗。"子贡见面把原话如实地告诉了孔子。孔子高兴地说道:"形状,末也。而谓似丧家之狗,然哉!然哉!"

孔子离开鲁国十四年后又回到鲁国。鲁哀公向孔子问为政的道理,孔子回答说:"为政最重要的是选择好大臣。"季康子也向孔子问为政的道理,孔子说:"要举用正直的人,抛弃邪曲的人,那样就使邪曲的人变为正直的人了。"季康子忧患盗窃,孔子说:"如果你自己没有欲的话,就是给奖赏人们也是不会去偷窃的。"但是鲁国最终也不能重用孔子,孔子也不要求出来做官。

孔子的时代,周王衰微,礼崩乐坏,《诗》《书》也残缺不全了。孔子探究夏、商、西周三代的礼仪制度,编定了《书传》《礼记》。孔子曾对鲁国的乐官太师说:"音乐是可以通晓的。刚开始演奏的时候要互相配合一致,继续下去是节奏和谐、声音清晰、连续不断,这样直到整首乐曲演奏完成。"孔子又说:"我从卫国返回鲁国之后,就开始订正诗乐,使《雅》《颂》都恢复了原来的曲调。"古代留传下来的《诗》有三千多篇,到孔子时,他把重复的删掉了,剩三百零五篇,孔子都能将它们演奏歌唱,以求合于《韶》《武》《雅》《颂》这些乐曲的音调。先王的乐制度从此才恢复旧观而得以称述,王道完备,孔子也完成了被称为"六艺"(《诗》《书》《礼》《乐》《易》《春秋》)的编修。孔子晚年喜欢钻研《周易》,他详细解释了《彖辞》《锡辞》《卦》《文言》等。孔子读《周易》刻苦勤奋,以至于把编穿书简的牛皮绳子也弄断了多次。他还说:"再让我多活几年,这样的话,我对《周易》的文辞和义理就能够充分掌握理解了。"孔子用《诗》《书》《礼》《乐》做教材教育弟子,就学的弟子大约在三千人,其中能精通礼、乐、射、御、数、术这六种技艺的有七十二人。孔子说:"不成啊,不成啊!君子最担忧的就是死后没有留下好的名声。我的主张不能实行,我用什么贡献给社会、留下好名呢?"于是就根据鲁国的史书做了《春秋》,上起鲁隐公元年(前722年),下止鲁哀公十四年(前481年),共包括鲁国十二个国君。以鲁国为中心记述,尊奉周王室为正统,以殷商的旧礼为借鉴,推而上承夏、商、周在法统,文辞简约而旨意广博。孔子说:"后世知丘者以春秋,而罪丘者亦以春秋。"

孔子是齐鲁大地上的一颗璀璨的明星,是中国古代伟大的学者、思想家、教育家。孔子的一生是执著而坚守的一生,亲自用生命诠释了爱、责任、坚持、信仰、情怀。

教育思考：书写年轮

凡事执著的背后总有一种情怀，它影响着人的理念、热情及能力，从而决定了工作效果，决定了人生。不必茫然，不必追寻，正如忽略了影子一样，每个人忽略了心中的生命树。呵护起心中的生命树，阳光、空气、水，散叶、开花、结果，裁剪、修复、滋养，生命树有多顽强，内心就有多强大。相信岁月的守候，一切在于年轮的证明。

平凡人可以伟大，关键在于书写个人传奇。生命是书写的历史，唯书写可以提炼生命的精华，总结奋斗的历程。书写行动，记录耕耘轨迹；书写思想，记录心灵回归轨迹；书写成长，记录幸福时光轨迹。记录是人生最好的生活方式，书写是人生最好的表达方式。书写个人传奇，书写个人自传，行动与思想成就成长，经历与心灵成就幸福，耕耘与选择成就时光。诗人汪国真在《默默的情怀》中表白：总有些这样的时候／正是为了爱／才悄悄躲开／躲开的是

身影/躲不开的/却是那份/默默的情怀/月光下踯躅/睡梦里徘徊/感情上的事情/常常/说不明白/不是不想爱/不是不去爱/怕只怕/爱也是一种伤害

岁月如歌：甜蜜蜜

作词：庄奴　　作曲：Osman Ahmad　　演唱：邓丽君　　时间：1979年

甜蜜蜜　你笑得甜蜜蜜

好像花儿开在春风里

开在春风里

在哪里　在哪里见过你

你的笑容这样熟悉

我一时想不起

啊　在梦里

梦里梦里见过你

甜蜜笑得多甜蜜

是你　是你　梦见的就是你

在哪里　在哪里见过你

你的笑容这样熟悉

我一时想不起

啊 在梦里

在哪里 在哪里见过你

你的笑容这样熟悉

我一时想不起

啊 在梦里

梦里梦里见过你

甜蜜笑得多甜蜜

是你 是你 梦见的就是你

在哪里 在哪里见过你

你的笑容这样熟悉

我一时想不起

啊 在梦里

二、人生的三大梦想

智慧、幸福、爱情

经济人生：囚徒困境

两个囚徒入狱，检察官告诉两个囚徒，自己坦白对方不坦白判刑0年，自己坦白对方也坦白判刑2年，自己不坦白对方坦白判刑3年，自己不坦白对方不坦白判刑1年。当然两个囚徒无法沟通，结果囚徒面对如此困境选择了坦白。因为选择坦白面临的是0或2年的判刑，不坦白面临的是3或1的判刑，两个人总计判刑时间是3年、4年、2年，事实往往成就前两者，利好于检察官破案，而都不坦白的2年结局往往不会产生。

小到组织大到社会，囚徒困境处处存在，搭便车现象时常发生。因为自己的改变不足以确定改变全局，所以明知美好就在眼前，实现仍存在距离。对于个体而言，改变带来的利益不如不改变来得及时且现实，生活的苟且可想而知。

经济社会遍布市场交易，交易的底线是在产权与制度基础上的选择。法律与制度是保障突破囚徒困境的约束力，但深入社会内部，没有哪个国家,法律能够提供一切或者证明政治制度能够取代公共道德。

生活一旦将某种情况或境遇认为是理所当然,人们便会熟视无睹,我们就会进入麻木不仁的状态,看不清真面目,生活的习惯推动我们走向流年。想法是思想的火花,只要有想法,向书本学习,向实践学习,有所行动,时光自然赋予光阴的故事,坚持、回报在一瞬间。改变视角,提升境界;改变行动,突破囚笼;改变理念,创新文化。绘制一种居于生活之中、高于生活之上的简约轨迹,如此修剪自己的生活,生活就会如释重负,走出疲惫之累。

管理自己：组织文化

组织文化是组织成员共有的能够影响行为方式的价值观、原则、传统和做事方式。文化与群体相伴而生、相伴而行，文化是流逝在时间长河之上的水分，滋润群体内在的心灵，在很大程度上决定了办事的效率与效果及事情完成后成员的情感投入。组织文化浸入群体成员的生活感受，影响人的心态。组织文化决定了人的行走方式，影响人的劳动。组织文化约束了群体的价值观，形成了相对稳定的气场，使不同背景、不同性格的人找到契合点。组织文化是组织的灵魂，决定了群体的精、气、神，对于组织的长远发展影响深远。

组织文化主要表现在以下几个维度：

1. 稳定性。组织决策和行动强调维持现状的程度。
2. 进取性。员工富有进取性和竞争性而不是合作性的程度。
3. 团队导向。围绕团队而不是个人来组织工作的程度。
4. 员工导向。管理决策中考虑结果对组织成员影响的程度。

5. 成果导向。管理者关注结果或成果，而不是关注如何取得这些成果的程度。

6. 关注细节。期望员工表现出精确性、分析和关注细节的程度。

7. 创新与风险承受力。鼓励员工创新并承担风险的程度。

8. 内动力。学习与行动的自我实施与外部因素的干扰程度。

鉴于以上内容，不妨对比目前社会上存在的传统组织与现代组织的管理有何不同。

序号	维度	传统组织	现代组织
1	稳定性	制度至上，严格监管	理念至上，信任员工
2	进取性	效率第一，忽视员工发展	发展第一，兼顾效率提高
3	团队导向	组织围绕个人来设计活动	组织围绕团队来设计活动
4	员工导向	严格权力制衡，明确部门责任	鼓励交流互动，支持团队竞争
5	成果导向	强调资历，绩效与奖励强调个体努力	强调创造，绩效与奖励强调实现价值
6	关注细节	记录真实，用数据说话	注重理性与直觉双重决策价值
7	创新与风险承受力	不鼓励创造显著变化的决策，失败意味批评与处罚，维持现状并保持稳定	不断探索，鼓励更新。支持好创意，失败也是经验
8	内动力	个人与组织发展愿景在矛盾	个人与组织发展愿景高度认同

为了提升组织文化的价值导向，组织在发展过程中应主动刻画自己的文化印记，逐步形成自己的文化特征。最普遍的方法是故事、

仪式、物质符号和人工景观、语言的塑造、价值观与认同感契合、行为与故事契合、名片与品牌契合，从听、说、读、写、做等方面渗透组织文化。组织文化会影响和约束管理者采取计划、组织、领导和控制的方式。

三国演义：诸葛亮

改变历史的人物之一。表现点：

品，生与死一样，公与私一样，国与家一样，言与行一样，知与行一样。从隆中对开始，刘备言："孤之有孔明，犹鱼之有水也。愿诸君勿复言。"至刘备病重，托付后事于诸葛亮："君才十倍曹丕，必能安国，终定大事。若嗣子可辅，辅之；如其不才，君可自取。"亮涕泣曰："臣敢竭股肱之力，效忠贞之节，继之以死！"

行，鞠躬尽瘁，死而后已；率先垂范，以身作则；才智过人，廉洁奉公。联合孙权，赤壁之战，占据荆州。夺取益州，攻占汉中，建立蜀国。受命托孤，平定南蛮，北伐中原。

知，三国时期著名的军事家，思想家，政治家，发明家。制作连弩、木牛流马，创设八阵图，问世孔明灯，传世《出师表》。

刘备三顾茅庐之后，亮答曰："自董卓以来，豪杰并起，跨州连郡者不可胜数。曹操比于袁绍，则名微而众寡。然操遂能克绍，以弱为强者，非惟天时，抑亦人谋也。今操已拥百万之众，挟天子以令诸侯，此诚不可与争锋。孙权据有江东，已历三世，国险而民附，贤能为之用，此可以为援而不可图也。荆州北据汉、沔，利尽南海，东连吴会，西通巴、蜀，此用武之国，而其主不能守，此殆天所以资将军，将军岂有意乎？益州险塞，沃野千里，天府之土，高祖因之以成帝业。刘璋暗弱，张鲁在北，民殷国富而不知存恤，智能之士思得明君。将军既帝室之胄，信义著于四海，总揽英雄，思贤如渴，若跨有荆、益，保其岩阻，西和诸戎，南抚夷越，外结好孙权，内修政理；天下有变，则命一上将将荆州之军以向宛、洛，将军身率益州之众出于秦川，百姓孰敢不箪食壶浆以迎将军者乎？诚如是，则霸业可成，汉室可兴矣。"

《三国志》评曰：诸葛亮之为相国也，抚百姓，示仪轨，约官职，从权制，开诚心，布公道；尽忠益时者虽仇必赏，犯法怠慢者虽亲必罚，服罪输情者虽重必释，游辞巧饰者虽轻必戮，善无微而不赏，恶无纤而不贬；庶事精练，物理其本，循名责实，虚伪不齿；终于邦域之内，咸畏而爱之，刑政虽峻而无怨者，以其用心平而劝戒明也。可谓识治之良才，管、萧之亚匹矣。然连年动众，未能成功，盖应变将略，非其所长欤！

梦想的路上，淡泊明志，宁静致远。

红楼追梦：林黛玉

枉凝眉

一个是阆苑仙葩，一个是美玉无瑕。若说没奇缘，今生偏又遇着他；若说有奇缘，如何心事终虚化？

一个枉自嗟呀，一个空劳牵挂。一个是水中月，一个是镜中花。想眼中能有多少泪珠儿，怎经得秋流到冬尽，春流到夏！

林黛玉，中国古典名著《红楼梦》的女主角，金陵十二钗之首，西方灵河岸绛珠仙草转世真身，荣府千金贾敏与巡盐御史林如海之女，贾母的外孙女，贾宝玉的姑表妹、恋人、知己，贾府通称林姑娘。她生得倾城倾国容貌，兼有旷世诗才，是世界文学作品中最富灵气的经典女性形象。林黛玉热衷仕途，口齿伶俐，机谋深远，清高自律，知错能改。她从小聪明清秀，父母对她爱如珍宝。因母亲早亡，贾母疼爱，被接到贾府抚养教育，与贾母、贾宝玉同住。后来父亲去世，从此常住贾府。贾元春省亲后，林黛玉入住潇湘馆，在大观园诗

社里别号潇湘妃子,作诗直抒性灵。林黛玉与贾宝玉青梅竹马,绛珠还泪的神话赋予了林黛玉迷人的诗人气质,为宝黛奇缘注入了奇幻的浪漫色彩,同时又定下了悲剧基调。莫怨东风当自嗟,最后泪尽而逝。在黛玉的心里,自认比不得宝姑娘,不是什么金什么玉的,自己只不过是个草木之人罢了。父母早逝,虽有刻骨铭心之言,无人为其主张。长此心结,神思恍惚,病渐生成,气弱血亏,致劳怯之症。宝黛虽为知己,却不能久待,红颜薄命,无福消受。

黛玉园内居所——潇湘馆;花名签——芙蓉花。

三十六计：胜战计·世界已被符号化

第四计　以逸待劳【原典】困敌之势，不以战；损刚益柔。

第五计　趁火打劫【原典】敌之害大，就势取利，刚决柔也。

第六计　声东击西【原典】敌志乱萃，不虞，坤下兑上之象，利其不自主而取之。

高中数学从集合开始学习。

● 集合、元素、特征、表示、关系、特殊数集、集合表示法；

● 三种语言解读世界：一是印象，图形语言，二是记录，符号语言，三是表达，文字语言；

● 集合间的关系：子集、相等、真子集、空集、子集个数、排列法、树图、线图、框图；

● 集合基本运算：并、交、补；

交集与并集运算表：

	A	$C_I(A)$	I	φ
A				
$C_I(A)$				
I				
φ				

- 从数与形两方面解读以下关系：

$A \cap B = A \Leftrightarrow A \subseteq B$

$A \cup B = A \Leftrightarrow B \subseteq A$

$C_I(A \cup B) = C_I(A) \cap C_I(B)$

$C_I(A \cap B) = C_I(A) \cup C_I(B)$

- 区间的概念。

- 尝试拓展：

（1）已知 $\{1, a+b, a\} = \left\{0, \dfrac{b}{a}, b\right\}$，则 $b-a$ 的值是多少？

（2）已知 $A = \{1, 2, 3, 4, 5\}$，$B = \{(x, y) \mid x \in A, x \in B, x-y \in A\}$，则 B 中元素个数为多少？

（3）已知 $M = \{(x, y) \mid (x-3)^2 + (y+2)^2 = 1\}$，$N = \{-2, 3\}$，则 M 与 N 的关系如何？

（4）已知 $A = \{x \mid x = 2k, k \in z\}$，$B = \{x \mid x = 2k+1, k \in z\}$，$a \in A$，$b \in B$，试判断 $a+b$ 与 A，B 关系。

（5）$A = \{(x, y) \mid y = x-1\}$，$B = \{(x, y) \mid y = x-1\}$，$C = \left\{(x, y) \left| \begin{cases} y = x-1 \\ y = 2x+1 \end{cases} \right.\right\}$，$D = \{y \mid y = x-1\}$，请解读集合 A，B，C，D。

（6）已知集合 $A = \{x \mid x^2 - 3x + 2 = 0\}$，$B = \{x \mid x^2 - mx + 2 = 0\}$，$A \cap B = B$，求 m 的取值范围。

（7）已知集合 $A = \{1, 3, \sqrt{m}\}$，$B = \{1, m\}$，$A \cup B = A$，求 m 的

值。

（8）已知集合$A=\{x\mid 0<x-m<3\}$，$B=\{x\mid x\leq 0$或$x\geq 3\}$，分别求满足下列条件的实数m。

①$A\cap B=\varphi$　②$A\cup B=B$

（9）已知集合$A=\{1,2\}$，集合B满足$A\cup B=\{1,2\}$，则集合B有几个？

（10）在平面直角坐标系中，集合$C=\{(x,y\mid y=x)\}$表示直线$y=x$，从这个角度看，集合$D=\left\{(x,y)\left|\begin{array}{l}2x-y=1\\x+4y=5\end{array}\right.\right\}$表示什么？集合$C$、$D$之间有什么关系？

（11）设集合$A=\{x\mid (x-3)(x-a)=0, x\in R\}$，$B=\{x\mid (x-4)(x-1)=0\}$，求$A\cup B$，$A\cap B$。

（12）已知全集$U=A\cup B=\{x\in N\mid 0\leq x\leq 10\}$，$A\cap(C_U B)=\{1,3,5,7\}$，试求集合$B$。

"以逸待劳"，退之法，将自己掌握的符号化世界达到专业的高度。

"趁火打劫"，进之法，将自己的优势应用于实践，拓展人生舞台。

"声东击西"，绕之法，将自己的感情迁移串联，编织更美好的人生。

东坡轨迹：伴侣

第一位：王弗——走进苏轼生涯的伴侣。

王弗，苏轼的结发之妻，四川眉州青神人，乡贡进士王方之女，聪明沉静，知书达理。十五岁即与十八岁的苏轼成婚。刚嫁给苏轼时，未曾说自己读过书。婚后，每当苏轼读书时，她便陪伴在侧，终日不去；苏轼偶有遗忘，她便从旁提醒。苏轼问她其他书，她都说略微知道。在苏轼与访客交往的时候，王弗经常立在屏风后面倾听谈话，事后告诉苏轼她对某人性情为人的总结和看法，结果无不言中，可谓苏轼绝佳的贤内助。王弗对苏轼关怀备至，二人情深意笃，恩爱有加。王弗在宋英宗治平二年（1065年）卒于京师开封，葬于眉州东北彭山县距苏洵夫妇墓西北八步。苏轼在《亡妻王氏墓志铭》里说："君与轼琴瑟相和仅十年有一。轼于君亡次年悲痛作铭，题曰《亡妻王氏墓志铭》。"熙宁八年（1075年），东坡来到密州，这一年正月二十日，他梦见爱妻王氏，便写下了那首传诵千古的悼亡词《江城子·乙卯正月二十日夜记梦》。

江城子·乙卯正月二十日夜记梦

十年生死两茫茫,不思量,自难忘。千里孤坟,无处话凄凉。纵使相逢应不识,尘满面,鬓如霜。

夜来幽梦忽还乡,小轩窗,正梳妆。相顾无言,惟有泪千行。料得年年断肠处,明月夜,短松冈。

第二位:王闰之——走进苏轼生活的伴侣。

王闰之,北宋眉州青神(今四川眉山市青神县)人。她是苏轼的第二任妻子,苏轼第一任妻子王弗的堂妹。王闰之性格温顺,知足惜福,在子女培养与家庭照顾方面堪称模范。王闰之与苏轼生死与共,从熙宁元年(1068年)到元祐八年(1093年),共计25年共同生活经历。其时苏轼的年龄为33~58岁,王闰之的年龄为21~46岁,这是苏轼人生起伏最大的时期。王闰之陪伴苏轼从家乡眉山来到京城开封,尔后辗转数地,陪伴苏轼度过人生最重要的阶段,历经坎坷。宦海沉浮,先后经历著名的"乌台诗案"和"黄州贬谪"。经济最困难时,和苏轼一起采摘野菜,赤脚耕田,变着法子给苏轼解闷。她去世时,正是苏轼最为风光之时,身居高位,踌躇满志,因此葬礼极为隆重,苏轼亲自写了祭文并承诺"惟有同穴,尚蹈此言"。王闰之的灵柩一直停放在京西的寺院里,十年后,苏轼去世,苏辙将其与王闰之合葬,实现了祭文中"惟有同穴"的愿望。

第三位:王朝云——走进苏轼生命的伴侣。

王朝云,字子霞,宋代浙江钱塘人。宋神宗熙宁四年,苏东坡因反对王安石新法而被贬为杭州通判。一日,他与几位文友同游西

湖，宴饮时请来王朝云所在的歌舞班助兴，悠扬的丝竹声中，数名舞女浓妆艳抹，长袖徐舒，轻盈曼舞，而舞在中央的王朝云又以其艳丽的姿色和高超的舞技，特别引人注目。舞罢，众舞女入座侍酒，王朝云恰巧转到苏东坡身边，这时的王朝云已换了另一种装束：洗净浓妆，黛眉轻扫，朱唇微点，一身素净衣裙，清丽淡雅，楚楚可人，别有一番韵致，仿佛一股空谷幽兰的清香，沁入苏东坡因世事变迁而黯淡的心。此时，本是丽阳普照，波光潋滟的西湖，由于天气突变，阴云蔽日，山水迷蒙，成了另一种景色。湖山佳人，相映成趣，苏东坡灵感顿至，挥毫写下了传颂千古的描写西湖佳句："水光潋滟晴方好，山色空蒙雨亦奇。欲把西湖比西子，淡妆浓抹总相宜。"诗中恰到好处地将自然风光之美与美人之美完美融合在一起。朝云时年十二岁，虽然年幼，却聪慧机敏，由于十分仰慕东坡先生的才华，且受到苏轼夫妇的善待，十分庆幸自己与苏家的缘分，决意追随东坡先生终身。朝云与苏轼的关系很奇特，她与苏轼共同生活了二十多年，特别是陪伴苏轼度过了贬谪黄州和贬谪惠州两段艰难岁月，但一直没有苏轼夫人或妻子的名号，只是到了黄州后才由侍女改为侍妾。苏东坡在杭州三年，之后又官迁密州、徐州、湖州，颠沛不已，甚至因"乌台诗案"被贬为黄州副使。这期间，王朝云始终紧紧相随，无怨无悔。元丰六年（1083年）九月二十七日，二十二岁的朝云为苏轼生下一个儿子，苏轼为他取名遁。元丰七年三月，苏轼又接到诏命，将他改为汝州团练副使，易地京西北路安置。苏轼接到诏令后不敢怠慢，四月中旬便携家启程，七月二十八日，当他们的船停泊在金陵江岸时，儿子苏遁夭亡在朝云的怀抱里。这也是苏轼与朝云人生的转折点，苏轼与前两位妻子都有儿子，如今红颜知己的儿子夭折，岂不是人生遗憾？正因如此，从此二人的生活抹上了浓重的悲情色彩，人生观发生了很大的转变。试想，如果小儿不亡，以苏轼与朝云之天资加之悉心指导，中国文化长廊里再出现第二个苏东坡也未可知。苏轼二次任职杭州，大力修缮杭州西湖，这与朝云有不解之缘。王朝云天生丽质，聪颖灵慧，能歌善舞，是苏轼知心知意的红颜知己，虽混迹烟尘之中，却独具一种清新洁雅的气质，苏东坡的友人都对朝云有着极高的评价。此后十年之中，苏东坡又先后出任颍州和扬州知府，续娶的王夫人已逝。宋哲宗亲政，1094年随苏东坡谪居惠州，东坡年近花甲，眼看运势转下，难得再有起复之望，身边众多的侍儿姬妾都陆续散去，只有王朝云始终如一，追随着苏东坡长途跋涉，翻山越岭到了惠州。第三年亡故并葬于惠州西湖孤山，苏东坡亲撰墓志铭，写下《悼朝云》诗，寄托了对朝云的深情和哀思。朝云是虔诚的佛教徒，临终前念着佛经《金刚经》的偈语："一切有为法，如梦幻泡影，如露亦如电，应作如是观。"朝云下葬后，孤山栖禅寺的和尚就在朝云墓上建亭"六如"纪念。杭州西湖与惠州西湖诉说着苏轼与朝云不朽的爱情：浪漫地相遇、默契地相知、无言地相爱、执著地相伴。一切都是那么的契合心灵！

苏迈，妻王弗所生。苏迨、苏过，妻王闰之所生。苏遁，妾朝云所生，未满周岁而卒。

如此三位女子，令苏轼三生有幸，虽有憾亦无憾，不枉此生！

中外寓言：守株待兔　农夫与他的儿子们

守株待兔

宋国有个种田的人，他的田里有棵树。有一次，一只兔子跑过来，由于跑得太急，一头撞到树上，把脖子撞断死了。种田人毫不费力地拣到了这只兔子。打那天起，他干脆放下农具，连活儿也不干了，天天守在这棵树下，希望还能捡到死兔子。兔子是再也捡不到了，他的行为反倒成了宋国人谈论的笑料。

农夫与他的儿子们

有一个农夫老了，可是他的儿子们都好吃懒做，终日游手好闲，这让农夫感到十分伤心。在农夫快要辞别人世的时候，他终于想到了一个让儿子们变得勤快起来的办法。

那天，农夫把儿子们都叫到跟前，对他们说："孩子们，我即将离开这个世界了。"虽然儿子们不愿意劳动，但是还比较孝顺，知道父亲将不久于人世，都非常伤心，纷纷抹着眼泪。农夫喘了口气笑了笑，和蔼地说："我生前虽然不富有，但是我给你们留下了不少宝物。"

听说有宝物留下，儿子们都停止了哭泣，最小的儿子有些好奇地问道："爸爸，都是什么宝物啊？它们在哪里呢？"农夫抬手摸着小儿子的脑袋，很神秘地说："我聪明的孩子们，我把宝物埋在了葡萄园，等我走了，你们去把它们都找出来，以后生活就不用发愁了。"说完之后，农夫便去世了。

等安葬了父亲，儿子们便开始在葡萄园里寻找父亲藏好的金银财宝。

第一天，他们起得早早的，把葡萄园的地都翻了一遍，但是什么宝物也没找到。他们觉得很失望，觉得父亲让他们白白辛苦了一通，但是他们并没有放弃，第二天、第三天又把葡萄园里的地翻了一遍，还是没有找到。这下，他们才确认父亲在撒谎。

然而，他们的这场"寻宝"活动，无疑给葡萄园的土地做了一次很好的翻整，所以这年比往年葡萄结得多出很多。

等到把丰收的葡萄卖掉之后，他们发现，这年获得的钱币比往年多许多。小儿子突然兴奋地对他的哥哥们喊道："我找到父亲留给我们的宝物了，我找到了！"他的哥哥们还满脸疑惑地看着小弟弟。小弟弟涨红了脸，迫不及待地说："父亲留给我们的宝物就是劳动，只有勤劳才能致富。"

这下，兄弟几个一下子都明白了，父亲让他们在葡萄园寻找宝物的用意，就是让他们勤劳耕作，这样葡萄园才会有丰收的果实，才会不断地创造更多的财富。

以史为鉴：项羽本纪

太史公曰：吾闻之周生曰"舜目盖重瞳子"，又闻项羽亦重瞳子。羽岂其苗裔邪？何兴之暴也！夫秦失其政，陈涉首难，豪杰蜂起，相与并争，不可胜数。然羽非有尺寸，乘势起陇亩之中，三年，遂将五诸侯灭秦，分裂天下，而封王侯，政由羽出，号为"霸王"，位虽不终，近古以来未尝有也。及羽背关怀楚，放逐义帝而自立，怨王侯叛己，难矣。自矜功伐，奋其私智而不师古，谓霸王之业，欲以力征，经营天下，五年卒亡其国，身死东城，尚不觉寤，而不自责，过矣。乃引"天亡我，非用兵之罪也"，岂不谬哉！

背景：秦末义军灭秦战事不断，楚汉战争一战定结局。

人物：项羽。

优点：攻城拔寨，擅长指挥；叱咤风云，性格豪迈。

缺点：思想境界处于低位，政策方略把握欠佳，不善于抓住战机,不善于利用人才。

人生:跌宕起伏,波澜壮阔。

事件:巨鹿之战,功不可没。

彭城之战,展示才能。

垓下之战,人性光芒。

新安坑卒,目光短浅。

鸿门宴会,胸无大志。

公元前209年,陈涉在大泽乡起义,点燃了反抗秦朝斗争的导火索。

秦军章邯率军打败项羽的叔叔项梁后,认为楚地义军不足为患,于是北渡黄河攻赵,大败赵国,围赵国军队于巨鹿。楚怀王派宋义率军救赵,宋义迟迟不发兵,想隔岸观火,项羽杀了宋义。怀王任命项羽为上将军,让当阳君、蒲将军等将领都归于项羽。项羽杀了卿子冠军宋义后,威震楚国,名闻天下,于是率领两万人渡河救巨鹿。项羽率全军过河后,下令凿沉全部船只,砸掉全部锅碗,烧掉全部帐篷,只带三天的粮食,不留后路,拼命向前,大破秦军。当时各路诸侯只在营垒观望,无一出战,等到项羽取胜,各路诸侯都归顺项羽统辖。

由于义军与投降秦军有矛盾,出现了不和谐的声音,项羽命令楚军在新安城南将十几万秦朝降兵全部活埋。

项羽准备平定秦国,攻破函谷关,刘邦在霸上,欲在关中称王,项羽大怒,欲进攻刘邦。项羽的叔叔项伯与刘邦的谋士张良有救命之恩,连夜告诉张良,张良又引项伯见刘邦,刘邦告诉项伯自己不敢背叛

项王，只是等待项王而已。项伯告诉刘邦明天一早向项王谢罪。回到项羽处劝项羽不要攻打刘邦，说刘邦先攻取关中是有功之人，击之不义，不如善遇之，项王许诺。于是，鸿门宴正式上演。项庄舞剑，刘邦命悬一线，终因项羽犹豫错失机会，以致后来放虎归山，后患无穷，终于导致覆灭的结局。

项羽屠戮咸阳，火烧秦咸阳宫。不思一统，只欲归楚，大势从此一去不复返。

秦朝即灭，项羽分封诸侯，刘邦为汉王，统管巴、蜀、汉中。项羽自封西楚霸王，统辖九郡，定都彭城。紧接着，诸侯分散，项羽杀怀王，民心渐失。

公元前205年，刘邦率军伐楚，项羽正攻打齐国，汉军攻占彭城，项羽绕过彭城切断汉军归路，一举夺回彭城，汉军损失十分严重，乃至刘邦的父亲与妻子被捉。彭城之战，项羽勇字当头，再一次显示了西楚霸王的无敌气概。

楚汉战争进入相持阶段，由于粮草缺乏，最终项羽放回刘邦的父亲与妻子，同刘邦签订和约，同意平分天下。正当项羽准备回归之际，曾经被叛项羽的韩信率三十万大军前来挑战，战局发生逆转，项羽在垓下被围，四面楚歌，项王悲歌："力拔山兮气盖世，时不利兮骓不逝。骓不逝兮可奈何，虞兮虞兮奈若何！"

战争成败已成定局之时，项羽仍能渡过乌江，终因无颜面对江东父老，笑曰："天之亡我，我何渡为？"自刎而死。生死一线间，尘世两茫茫。

项羽乘势起于陇亩，三年灭秦，分封王侯，政由己出，号称霸王，一代英雄,旷古奇今。五年卒亡,身首异处,风云突变,江山不复。

错失天时,关口未称帝。

错失地利,鸿门放虎归。

错失人和,失去项伯、韩信、降兵。

项羽是真男人!侠骨柔情,豪情万丈。纵然昙花只求一现,即使流星也留光芒。

教育思考：有故事的人

人的一生编织一个故事，故事的发生大概是这样的。

（一）立意（人生切入点）

将想法定位在人物，相当于选择切入的视角，故事的导火索由此点燃。人生就是这样，透过多棱镜观察世界，世界总有不同。

（二）人物（主人公）

故事创作过程中的人物代表故事表达的发言人，作者与人物的思想碰撞是故事的吸引力所在。人生也如此，主人公的挣扎是真实的自我与生活中自我的博弈与妥协。人的一生就是成为自己、成就自己。

（三）主题（梦想）

智慧开启梦想之门，人生从此打开；爱情有如烟花璀璨，点燃了人生的火把；幸福如幻如梦，就像满天的繁星。

（四）结构（时光）

人生分不同的阶段，什么时间做什么事。时光牵引，岁月留痕，人生的画卷展开不同的篇幅，故事的结构体现张力、节奏。

（五）场景（经历）

故事的场景实现故事的呈现，好的故事带领读者进入全新的环境，给读者以替代性体验，开阔读者的视野，表达读者的愿望，引起读者的共鸣。正如人生有不同的经历，每一种经历都是人生的财富。

（六）技巧（思想）

故事需要艺术处理，不同的厨师做同一道菜味道也不一样。人生亦如此，个人的作风与思想不一，个性表现出不同的特质。人类文明成果丰硕，每个人务求在成长中寻求突破，必然会吸取人类智慧的精华。

当我们书写完个人的故事，他人阅读之时，相当于人与人之间的穿越，跨过思想的时空，感觉遥远而亲切。当你明白故事的种种，你是否明白：人生是可以自己书写的。

人生自有舞台，该我们登场之时，免不了上场一试身手，场内场外截然不同，一不小心就容易走入名、利、权的利害场，一半是火焰，一半是海水。最喜欢海边，宁静而淡定，悠闲而自然。进一步热火朝天，退一步海阔天空。

顺便问一句：你从什么角度编织故事？智慧、幸福、抑或爱情？

岁月如歌：光阴的故事

作词：罗大佑　　作曲：罗大佑　　演唱：罗大佑　　时间：1981年

春天的花开秋天的风以及冬天的落阳
忧郁的青春年少的我曾经无知的这么想
风车在四季轮回的歌里它天天地流转
风花雪月的诗句里我在年年地成长
流水它带走光阴的故事改变了一个人
就在那多愁善感而初次等待的青春
发黄的相片古老的信以及褪色的圣诞卡
年轻时为你写的歌恐怕你早已忘了吧
过去的誓言就像那课本里缤纷的书签
刻画着多少美丽的诗可是终究是一阵烟
流水它带走光阴的故事改变了两个人

就在那多愁善感而初次流泪的青春
遥远的路程昨日的梦以及远去的笑声
再次的见面我们又历经了多少的路程
不再是旧日熟悉的我有着旧日狂热的梦
也不是旧日熟悉的你有着依然的笑容
流水它带走光阴的故事改变了我们
就在那多愁善感而初次回忆的青春
流水它带走光阴的故事改变了我们
就在那多愁善感而初次回忆的青春

三、人活着的存在形式

习　惯

经济人生：选择

所有的社会现象均源于个体的行为和互动，在这些活动中，人们基于他们期望的额外收益和成本进行选择。任何物品都有替代品。人们在追求自己的目标时采用多种方式并对各种方式进行期望的额外收益和额外成本进行比较，从而选择适合的稀缺品。边际收益和边际成本是在现有条件下的期望额外收益和期望额外成本。选择依赖于面临的境况，价值也依赖于境况。关键的价值是边际价值，选择自然分为日常选择和边际选择。

产权是游戏规则，人们按规则追求各自的目标和决策，相互协调地进行交易和交换，经济社会中专业化程度日益加深，交换成为常态，法治是促进经济增长的保障。

财富是人们认为有价值的任何东西。物质财富是生命保障，非物质财富是精神食粮,健康、时间、友谊、爱情、心灵、兴趣、爱好、特长,不一而论。

关于效率的争论,实际是关于价值观和产权的争论。

管理自己：环境

环境问题是管理的磐石。世界环境发展呈现全球化特点。

地球上各国间交往频繁，经济合作与人文交往日益紧密。信息时代、交通工具、专业化程度、文化血液的更新促使全球管理成为常态。

依法治国。各国法律环境存在差别，法律环境涉及经济程序运行，对风险投资的影响举足轻重。

经济环境的主要存在形式是自由市场经济与计划经济，自由市场经济主要是由私营部门拥有和控制各种资源的经济。计划经济是一种由中央政府来规划经济政策的经济。管理者需要了解一个国家的经济体制，经济体制制约管理者的决策，管理者需要了解包括货币汇率、通货膨胀率、各种税收政策等经济事项。

文化环境不同是组织员工最主要的差异。古今、中外、东西文化的差异必然导致沟通与合作成为组织发展的关键难题。

民族文化存在差异，表现为个人主义与集体主义的差异，表现为平民主义与权力主义的差异，表现为男性化与女性化的差异，表现为注重创新与注重传统的差异，表现为面向未来与面向过去的差异，表现为冒险与稳定的差异，表现为信仰与崇拜的差异，表现为科学与人文的差异。

目前对全球文化的认同、渗透与融合影响下一代的成长，主要表现在以下几个方面：

（一）独立性。

（二）主观性。

（三）选择性。

（四）社会性。

（五）开放性。

三国演义：赵云

改变历史的人物之一。表现点：

品，刘备遇难当阳长阪，赵云身抱阿斗，保护甘夫人，免于灾难。没有此次的脱险，刘禅不能安生，岂有后续历史。当是时，张飞曾怀疑赵云投敌而去，唯刘备不为所疑："子龙从我于患难，心如铁石，非富贵所能动摇也。"甘露寺招亲，刘备也曾乐不思蜀，赵云按诸葛亮锦囊之计而行，处事周密，时机把握得当，及时使刘备回到荆州。可以说，赵云是刘备父子的恩人。

行，赵云是三国名将之中少有的既能统率陆军又能统率水军的将领之一。图业益州之时，赵云水路统领军队由岷江而上至江阳，与诸葛亮在成都会合，平定成都，奠定蜀国大业基础。赵云曾驻守汉中要地，堪比关羽守荆州，关羽大意失荆州，赵云却万无一失，在处事方面赵云比关羽更显淡定与稳健。倘若当年守荆州的是赵云而非关羽，历史就会另写，可是面对如此要地，赵云与刘备之关系岂能与关羽相提并论？人情成人也害人。赵云一生功绩卓著，有勇有谋，与人友善，善始善终，一生作战无数，几无败绩，人称常胜将军。当年赵云杀入重围，解救老将黄忠之时，刘备称赞赵云："子龙一身都是胆也。"

知，与鲁肃、诸葛亮一样，赵云是对孙刘联盟认识最深刻的人物之一。赵云胸怀坦荡，高瞻远瞩，是非分明，深明大义。刘备欲伐吴，赵云劝阻："国贼乃曹操，非孙权也！先灭魏，则吴自服。操身虽毙，子丕篡盗。当因众心，早图关中，居河、渭上流以讨凶逆，关东义士必裹粮策马以迎王师。不应置魏，先与吴战。兵势一交，不得卒解，非策之上也。""汉贼之仇，公也；兄弟之仇，私也。愿以天下为重！"这与关羽义放曹操于华容道形成鲜明对比。

文有诸葛亮，武有赵云，完人也。

红楼追梦：元春

恨无常

喜荣华正好，恨无常又到。眼睁睁，把万事全抛。荡悠悠，把芳魂消耗。望家乡，路远山高。故向爹娘梦里相寻告：儿命已入黄泉，天伦呵，须要退步抽身早！

贾元春，中国古典小说《红楼梦》中的人物，金陵十二钗之一，贾政与王夫人所生的长女，贾宝玉的姐姐，贾府通称娘娘。因生于正月初一而起名元春，自幼由贾母教养。作为长姐，她在宝玉三四岁时，就已教他读书识字，虽为姐弟，有如母子。后因贤孝才德，选入宫作女吏。不久，封凤藻宫尚书，加封贤德妃。贾家为迎接她来省亲，特盖了一座省亲别墅，该别墅豪华富丽。元妃虽给贾家带来了"烈火烹油，鲜花著锦之盛"，但她却被幽闭在皇家深宫内。省亲时，她说一句，哭一句，把皇宫大内说成是"终无意趣"的"不得见人的去处"。这次省亲之后，元妃再无出宫的机会，后病死宫中。

三十六计：敌战计·生活即运算

第七计　无中生有【原典】诳也，非诳也，实其所诳也。少阴，太阴，太阳。

第八计　暗度陈仓【原典】示之以动，利其静而有主，益动而巽。

第九计　隔岸观火【原典】阳乖序乱，阴以待逆。暴戾恣睢，其势自毙。顺以动豫，豫顺以动。

- 八种运算：加、减、乘、除、乘方、开方、指数、对数；
- 从+，-，×，÷到N, Z, Q, R，简约而不简单。已经尝过六种运算。
- 从根式说起——

如果$x^n=a, n>1$　$n\in N^*$，那么x叫a的次方根。

$x^n = a$ $x = \sqrt[n]{a}$

探讨：$\sqrt[n]{a^n} = ?$ $(\sqrt[n]{a})^n = ?$ 主要从n的奇偶与a的正负情况分析。

练习：$\sqrt[3]{(-8)^3} = ?$ $\sqrt{(-10)^2} = ?$ $\sqrt{(\pi-10)^4} = ?$ $\sqrt{(m-n)^2} = ?$

● 探寻指数与根式的关系：

$$\sqrt[5]{a^{10}} \quad \sqrt[4]{a^{12}} \quad \sqrt[10]{a^5} \quad \sqrt[12]{a^4}$$

归纳推理：

$$\sqrt[n]{a^m} = a^{\frac{m}{n}} \quad a^{\alpha}, (\alpha \in R)$$

● 法则：

$$a^m \cdot a^n = a^{m+n} \quad (a^m)^n = a^{mn} \quad (a \cdot b)^m = a^m \cdot b^m$$

$$\left(\frac{a}{b}\right)^m = \frac{a^m}{b^m}$$

● 练习：

（1）$\left(2a^{\frac{2}{3}}b^{\frac{1}{2}}\right) \cdot \left(-6a^{\frac{1}{2}}b^{\frac{1}{3}}\right) \div \left(-3a^{\frac{1}{6}}b^{\frac{5}{6}}\right)$

（2）$\left(m^{\frac{1}{4}} \cdot n^{\frac{3}{8}}\right)^8$

（3）$(\sqrt[3]{25} - \sqrt{125}) \div \sqrt[4]{25}$

（4）$\dfrac{a^2}{\sqrt{a} \cdot \sqrt[3]{a^2}}$ $(a > 0)$

● 指数运算

$a^b = N$，已知a, b，求N。

注意：0^0 0^m （m<0）

夜幕降临，黑暗来袭，我们从不为此恐慌，因为明天，太阳依旧升起，人生也一样，我们坚信生活会延续。一旦生命失去继续，倘若太阳永不存在,世界一片黑暗,人类将出现颠覆性的改变。人,只有走到尽头才会恍然大悟:原来,我们的人生太匆匆!为什么这样?为什么不这样?我该什么样?我做到我应该的样子了吗?回头,不如趁早。运算,终会有答案。

"无中生有",运算的产生正中此计。

"暗度陈仓",运算讲究规律、路径、方法。

"隔岸观火",运算讲究成本。

东坡轨迹：故乡

  苏轼的故乡是四川省眉山。小城依山傍水，街道整洁，环境优雅。苏轼的家中不乏果树、池塘、菜畦、花草、竹林。眉山是个宜居之地，风光秀美，人杰地灵，交通便利，气候宜人。

  苏轼的祖父胸襟开阔，精力充沛，正直纯厚，乐观开朗，对苏轼的性格产生了一定的积极影响。苏轼的父亲苏洵天赋异禀，为人严谨，思想独立，性格内向，个性强烈，中年成名，苏轼兄弟二人在学业上受父亲影响可谓受益终生。苏轼家族科举成名者颇多，家风淳朴，可谓书香世家。苏轼从小与弟弟苏辙一起读书学习。苏辙性格内向，恬静沉稳，在苏轼的一生中，苏辙一直与其遥相呼应，互通音信，彼此安慰，二人共同成长，共同读书，相隔一年各自成家，共同科举及第，共同走上人生仕途，平安之时互相祝福，患难之时彼此帮助。苏轼一生为功名所累，牵连了弟弟苏辙，苏辙并没因此而生怨，反而与苏轼彼此相依，二人的情义不仅体现在亲情上，也体现在才情上，更是内心无以言表的惺惺相惜。

在故乡，苏轼度过了幸福的童年；在故乡，苏轼完成了儿时的教育；在故乡，苏轼娶了妻子王弗。

苏轼第一次出走故乡，考取功名，再回故乡，为母亲服丧。苏轼第二次出走故乡，走上仕途，再回故乡，送回父亲与妻子的灵柩，同时在故乡服丧结束后娶了第二位妻子王闰之。苏轼第三次出走故乡，走向了人生的茫茫深处，一生再也没有回到故乡。

故乡给予苏轼一生的情感之源，从故乡带走的亲情、友情、爱情、才情赋予苏轼一生绵绵不尽的智慧之光。

每个人都有故乡，故乡无所谓好坏，复杂的情感与懵懂的回忆成为流年最难割舍的爱。每个人的存在，故乡是最好的证明，即使故乡日新月异，不再是曾经的样子，但每个人心中的故乡早已扎根在岁月中，时时撩起一阵阵感伤。思念故乡本是一种习惯，每个人的习惯又有多少源于故乡的"基因"呢？

中外寓言：亡羊补牢　狼来了

亡羊补牢

　　从前，有一个人养了一圈羊。一天早上，他准备出去放羊，发现少了一只。原来羊圈破了个窟窿，夜间狼从窟窿里钻进来，把羊叼走了。邻居劝告他说："赶快把羊圈修一修，堵上那个窟窿吧！"他说："羊已经丢了，还修羊圈干什么呢？"没有接受邻居的劝告。第二天早上，他又准备出去放羊，到羊圈里一看，发现又少了一只羊。原来狼又从窟窿里钻进来，把羊叼走了。他很后悔，不该不接受邻居的劝告，就赶快堵上那个窟窿，把羊圈修补得结结实实。从此，他的羊再也没有被狼叼走的了。

狼来了

从前,有个放羊娃,每天都去山上放羊。

一天,他觉得十分无聊,就想了个捉弄大家寻开心的主意。他向着山下正在种田的农夫们大声喊:"狼来了!狼来了!救命啊!"农夫们听到喊声急忙拿着锄头和镰刀往山上跑,他们边跑边喊:"不要怕,孩子,我们来帮你打恶狼!"

农夫们气喘吁吁地赶到山上一看,连狼的影子也没有!放羊娃哈哈大笑:"真有意思,你们上当了!"农夫们生气地走了。

第二天,放羊娃故伎重演,善良的农夫们又冲上来帮他打狼,可还是没有见到狼的影子。放羊娃笑得直不起腰:"哈哈!你们又上当了!哈哈!"

农夫们对放羊娃一而再再而三地说谎十分生气,从此再也不相信他的话了。

过了几天,狼真的来了,一下子闯进了羊群。放羊娃害怕极了,拼命地向农夫们喊:"狼来了!狼来了!快救命呀!狼真的来了!"农夫们听到他的喊声,以为他又在说谎,大家都不理睬他,没有人去帮他,结果放羊娃的许多羊都被狼咬死了。

以史为鉴：礼书

太史公曰：洋洋美德乎！宰制万物，役使群众，岂人力也哉？余至大行礼官，观三代损益，乃知缘人情而制礼，依人性而作仪，其所由来尚矣。

太史公曰：至矣哉！立隆以为极，而天下莫之能益损也。本末相顺，终始相应，至文有以辨，至察有以说。天下从之者治，不从者乱；从之者安，不从者危。小人不能则也。

中华文明，源远流长。中华民族，礼仪之邦。缘人情而制礼，依人性而作仪。

礼之源：人道经纬万端，规矩无所不贯，诱进以仁义，束缚以刑罚，故德厚者位尊，禄重者宠荣，所以总一海内而整齐万民也。人体安驾乘，为之金舆错衡以繁其饰；目好五色，为之黼黻文章以表其能；耳乐钟磬，为之调谐八音以荡其心；口甘五味，为之庶羞酸咸以致其美；情好珍善，为之琢磨圭璧以通其意。故大路越席，皮弁布裳，朱弦洞越，大羹玄酒，所以防其淫佟，救其凋敝。是以君臣朝廷尊卑贵贱之序，下及黎庶车舆衣服宫室饮食嫁娶丧祭之分，事有宜适，物有节文。仲尼曰："禘自既灌而往者，吾不欲观之矣。"

礼之起：礼由人起。人生有欲，欲而不得则不能无忿，忿而无度量则争，争则乱。先王恶其乱，故制礼义以养人之欲，给人之求，使欲不穷于物，物不屈于欲，二者相待而长，是礼之所起也。故礼者养也。稻粱五味，所以养口也；椒兰芬苣，所以养鼻也；钟鼓管弦，所以养耳也；刻镂文章，所以养目也；疏房床笫几席，所以养体也。故礼者，养也。

君子既得其养，又好其辨也。所谓辨者，贵贱有等，长少有差，贫富轻重皆有称也。人苟生之为见，若者必死；苟利之为见，若者必害；怠惰之为安，若者必危；情胜之为安，若者必灭。故圣人一之于礼义，则两得之矣；一之于情性，则两失之矣。故儒者将使人两得之者也，墨者将使人两失之者也。是儒墨之分。

礼之本：天地者，生之本也。先祖者，类之本也。君师者，治之本也。无天地恶生？无先祖恶出？无君师恶治？三者偏亡，则无安人。故礼，上事天，下事地，尊先祖而隆君师，是礼之三本也。

礼之成：凡礼始乎脱，成乎文，终乎税。故至备，情文俱尽；其次，情文代胜；其下，复情以归太一。天地以合，日月以明，四时以序，星辰以行，江河以流，万物以昌，好恶以节，喜怒以当。以为下则顺，以为上则明。

繁华世间，不同世界，关系错综复杂，唯礼架起桥梁，沟通合作共享。

教育思考：坚持是一种力量

　　习惯是无意识状态下有意识的行为表现。习惯受环境的影响。环境的影响深深植入个人的内心世界，无形中将对行动产生束缚，久而久之，习惯成自然。针对一定标准的价值观，习惯有好坏之分，而在形成之初必然存在适应过程，有时需要外因的强制力量，由外到内作用使然。但不可否认，主观意志力对习惯的实施产生严重的影响，一方面缘于对习惯的认知，一方面缘于对习惯的态度。习惯养成后，行为自然留下痕迹，想要改变习惯，也必须从习惯形成原因等方面入手，在重大事件发生的情况下，习惯往往也表现出惊人的效果。

　　每个人都有习惯，习惯有时显性存在，有时隐性存在，习惯也不断变化，生活中对各种事情的解决无一不与习惯相关，解决方式也因习惯不同而产生不同的效果。所以，针对不同行业的标准，各种技能训练随之产生，训练直接改变习惯。不是所有的训练都有积极意义，习惯的养成要遵循科学的规律与人文的需求。

习惯表现于行动，反映了人的专注力倾向，一方面是一个人认知的表现，一方面也不绝对表现认知，毕竟认知与行动有时不能同步，当下对生活的选择也有此一时彼一时的取舍，所以，意志在习惯的表现过程中的作用举足轻重。坚持的力量是意志的韧性，放弃的力量是意志的刚性。意志力的大小决定于内心的强度，所以，习惯从"心"开始才是真正的重新开始。

岁月如歌：沧海一声笑

作词：黄霑　作曲：黄霑
演唱：许冠杰，徐克，罗大佑，张伟文，黄霑　时间：1990年

沧海一声笑　滔滔两岸潮
浮沉随浪只记今朝
苍天笑　纷纷世上潮
谁负谁胜出　天知晓
江山笑　烟雨遥
涛浪淘尽红尘俗世几多娇
清风笑　竟惹寂寥
豪情还剩了一襟晚照
苍生笑　不再寂寥
豪情仍在　痴痴笑笑

四、永恒的反思

人

经济人生：交换

商品交换主要是所有权的交换，或产权的交换。产权规定谁拥有什么及财产应该如何使用。如果社会体系产权明确，产权交换自由，社会的价格机制就会发挥作用，比较优势的结果是市场告诉人们机会在哪儿以及如何利用机会创造净收益。

经济学是关于选择的理论，关注的是稀缺品的生产和交换，稀缺品必须以好产品或选择者认为有价值的东西来替代。交换是一种生产方式，交换也创造财富，从来不存在等值交换。效益取决于对价值的评估，物质和技术事实上可以直接决定效率，可是它不能确定相对于其他生产过程的相对效率。对于一项计划或活动，决策者总会问自己是否值得为这付出一定的成本，其实考虑的就是效益问题，效益就是权衡期望的额外成本和期望的额外收益。对效益的争议就是对不同的人的评价应赋予多大的权重，也就是对游戏规则的争议及对资源拥有权的争议。

机会成本决定比较优势，专业化生产就是为了交换，从而增加财富满足需求，比较优势法则适合于交换原则。信息本身是稀缺品，占据很大一部分交易成本。开发一个良好的市场平台，提供某种信息以降低交易成本，协调跨地区的市场交换，为专业化和劳动分工提供比较优势的竞争，使交换变得更为高效快捷，这也是信息时代的最大机遇。

管理自己：变革

社会发展充满变化，不断变化的消费需求和欲望，不断增加的法律法规，不断变化的科学技术，不断渗透的经济环境，社会推动人类必须变革。单位发展充满变化，组织战略调整，员工发展规划，技术设备更新，组织文化融合，科学推动人类必须变革。

人类发展永远在追求进步。在某个时间点，管理者需要改变工作场所中的某些事情，相应的改变称之为变革。管理者面临三种变革类型：结构变革，即结构要素和结构设计的提高；技术变革，即工作程序、方法和设备的优化；人员变革，即个体和群体的态度、期望、认知和行为的提升。

变革充满不确定性，改变了人们的行为习惯，打破现状，重新布局，人们进而担心个人得失，同时变革意味着再学习和再付出劳动。过多考虑现在，没有预见未来，加之观念与理念不一致导致变革举措认同感出现分歧，变革任重而道远。

变革在充满变数的同时也有迹可寻。

精简成本。融合技术，科学发展，发挥资源的利用率，提高实效性与科学价值。减少组织的时间成本与人际关系成本。

战略思维。一切变革立足现实，面向未来，不能苟且，不破不立。将终生学习作为持续发展的根本战略。积极倡导发现科学，鼓励创意，保护创造。将积极的组织价值观与组织的探索实践紧密结合，形成一脉相承的核心竞争力。

以人为本。将尊重与信任文化渗透到组织内，培育团队自己的榜样。支持员工学习，认同员工个性化创造，营造开放多元的组织文化。

三国演义：刘备

改变历史的人物之一。表现点：

生于乱世，寻找机遇，发现孔明，三顾茅庐，设计人生。

东汉末年统治残酷，民不聊生。东汉灵帝中平元年（184年），在张角兄弟的领导下，爆发了著名的黄巾起义。"豪杰并起，跨州联郡者不可胜数"。各地的军阀势力纷纷拥兵自重，割据一方。经过十多年的火拼厮杀，公孙瓒占据幽州，公孙度占据辽东，袁绍占据冀州、青州、并州，袁术占据扬州，曹操占据兖、豫二州，刘表占据荆州，孙策、孙权占据江东，韩遂、马腾占据凉州，刘焉、刘璋父子占据益州，唯独刘备没有固定的地盘，率领部队辗转四方，先后依附于公孙瓒、曹操、袁绍、刘表等。建安元年（196年），曹操迎汉献帝到许都，"挟天子以令诸侯"，并先后率军消灭了吕布、袁术、袁绍等割据势力，占领了冀、幽、青、并等州，平定了北方，大有一举平定南方，一统华夏的趋势。此时刘备奔命于新野，寻找卧龙诸葛亮。

赤壁之战,改变格局,抓住机遇,发展自己,开启人生。

立足荆州,联合孙权,成就了赤壁之战的胜利,刘备借势有了根据地,终于站稳了脚跟。

夺取益州,攻占汉中,蜀国称帝,三分天下,成就人生。

英雄的标准是什么?曹操的答案是:"夫英雄者,胸怀大志,腹有良谋,有包藏宇宙之机,吞吐天地之志者也。"玄德问:"谁能当之?"曹操手指玄德,然后自指,说:"今天下英雄,惟使君与操耳!"刘备不比曹操借天时、占地利、财力雄厚、起家甚早,也不比孙权继承父兄大业,得天独厚,凭一身仁义,礼贤下士,不甘人下,砥砺求索,终成三国局面,可谓英雄。

桃园结义,为义而生;彝陵之战,为义而亡,结束人生。

《三国志》评曰:"先主之弘毅宽厚,知人待士,盖有高祖之风,英雄之气焉。及其举国托孤于诸葛亮,而心神无贰,诚君臣之至公,古今之盛轨也。机权干略,不逮魏武,是以基宇亦狭。然折而不挠,终不为下者,抑揆彼之量必不容己,非唯竞利,且以避害云尔。"

庄子曰:"人生天地之间,若白驹过隙,忽然而已。"

红楼追梦:探春

分骨肉

一帆风雨路三千,把骨肉家园齐来抛闪。恐哭损残年,告爹娘,休把儿悬念。自古穷通皆有定,离合岂无缘?从今分两地,各自保平安。奴去也,莫牵连。

贾探春,中国古典小说《红楼梦》中的人物,金陵十二钗之一,荣国府贾政与妾赵姨娘所生的女儿,贾宝玉同父异母的妹妹,贾府通称三姑娘。她精明能干,富有心机,敢于决断,朴而不俗,直而不拙,有"玫瑰花"之诨名,连王夫人与凤姐都忌惮她几分,抄检大观园时她扇了王善保家的一巴掌。她工诗善书,趣味高雅,曾发起建立海棠诗社,探春的诗号为"蕉下客",是大观园中的一位大才女。她关心家国大事,有经世致用之才,曾奉王夫人之命代凤姐理家,并主持大观园改革。探春对贾府面临的大厦将倾的危局颇有感触,她想用"兴利除弊"的微小改革来挽救颓势。探春是一位具有雄才伟略的政治家、改革家。但听探春所言便知心境:"我但凡是个男人,可以出得去,我必早走了,立一番事业,那时自有我一番道理。偏我是女孩儿家,一句多话也没有我乱说的。太太满心里都知道。如今因看重我,才叫我照管家务。"然而终是女儿家,贾探春远嫁他乡。

探春园内居所——秋爽斋;花名签——杏花。

三十六计：敌战计·等式与不等式的辩证关系

第十计　笑里藏刀【原典】信而安之，阴以图之，备而后动，勿使有变。刚中柔外也。

第十一计　李代桃僵【原典】势必有损，损阴以益阳。

第十二计　顺手牵羊【原典】微隙在所必乘；微利在所必得。少阴，少阳。

● 相对与绝对：等式与不等式相伴而生；

● 性质：八条基本性质。

基本类型：

● 一元一次不等式。

● 一元二次不等式（$a \neq 0$）：

$ax^2+bx+c>0$

$ax^2+bx>0$

$ax^2+c>0$

- 绝对值不等式；
- 分式不等式：分母恒定符号、分母简单、分母不确定；
- 无理不等式；
- 一元高次不等式。
- 转化与化归是解不等式的基本思想：分式化整式、无理化有理、高次化低次、绝对值化无绝对值、一般情况化特殊情况。

理解研究不等式注重分析函数载体：函数、方程与不等式的联系。

"笑里藏刀"，善于识破不等式中的发生背景。

"李代桃僵"，善于处理不等式中的结构变化。

"顺手牵羊"，善于总结不等式中的运算技巧。

东坡轨迹：兄弟

《水调歌头·明月几时有》是苏轼在宋神宗熙宁九年（1076年）中秋在密州时所作。这首词以月起兴，以与其弟苏辙七年未见之情为基础，围绕中秋明月展开想象和思考，把人世间的悲欢离合之情纳入对宇宙人生的哲理性追寻之中，反映了作者复杂而又矛盾的思想感情，又表现出作者热爱生活与积极向上的乐观精神。词作上片问天反映执著人生，下片问月表现善处人生。落笔潇洒，舒卷自如，触景生情，由境及思，思想深刻而境界高远，充满哲理，是苏轼词的典范之作。此词是中秋望月怀人之作，表达了对胞弟苏辙的无限怀念。词人运用形象描绘手法，勾勒出一种皓月当空、亲人在千里之外、孤高旷远的画面，穿越时光隧道，放眼苍茫天地，在月的阴晴圆缺当中，渗进浓厚的哲学意味，自然和社会高度契合，现实与理想完美呈现。

水调歌头·明月几时有

丙辰中秋，欢饮达旦，大醉，作此篇，兼怀子由。（序）

明月几时有？把酒问青天。不知天上宫阙，今夕是何年。我欲乘风归去，又恐琼楼玉宇，高处不胜寒。起舞弄清影，何似在人间？

转朱阁，低绮户，照无眠。不应有恨，何事长向别时圆？人有悲欢离合，月有阴晴圆缺，此事古难全。但愿人长久，千里共婵娟。

中外寓言：狐假虎威　磨坊主和儿子与驴子

狐假虎威

　　荆宣王问群臣说："我听说中原地区的诸侯都惧怕楚国的昭奚恤，果真是这样吗？"群臣没有人能回答上来。江一回答说："老虎寻找各种野兽来吃，捉到一只狐狸，狐狸对老虎说：'你不该吃我，上天派我做百兽的首领，如果你吃掉我，就违背了上天的命令。你如果不相信我说的话，我在前面走，你跟在我的后面，看看群兽见了我，有哪一个敢不逃跑的？'老虎信以为真，于是就和狐狸同行，群兽见了老虎，都纷纷逃跑，老虎不知道群兽是害怕自己才逃跑的，却以为是害怕狐狸。现在大王的国土方圆五千里，大军百万，却由昭奚恤独揽大权，所以，北方诸侯害怕昭奚恤，其实是害怕大王的军队，这就像群兽害怕老虎一样啊。"

磨坊主和儿子与驴子

磨坊主和他的儿子一起赶着他们的驴子,到邻近的市场上去卖。

他们没走多远,遇见了一些妇女聚集在井边,谈笑风生。其中有一个说:"瞧,你们看见过这种人吗,放着驴子不骑,却要走路。"老人听到此话,立刻叫儿子骑上驴。

又走了一会,他们遇到了一些正在争吵的老人,其中一个说:"看看,这正证明了我刚说的那些话。现在这种社会风气,根本谈不上什么敬老尊贤。你们看看那懒惰的孩子骑在驴上,而他年迈的父亲却在下面行走。下来,你这小东西!还不让你年老的父亲歇歇他疲乏的腿。"老人便叫儿子下来,自己骑了上去。

他们没走多远,又遇到一群妇女和孩子。有几个人立刻大喊道:"你这无用的老头儿,你怎么可以骑在驴子上,而让那可怜的孩子跑得一点力气都没啦?"老实的磨坊主,立刻又叫他儿子坐在他后面。快到市场时,一个市民看见了他们便问:"朋友,请问,这驴子是你们自己的吗?"老人说:"是的。"那人说:"人们还真想不到,依你们一起骑驴的情形看来,你们两个人抬驴子,也许比骑驴子好得多。"老人说:"不妨按照你的意见试一下。"

于是,他和儿子一起跳下驴子,将驴子的腿捆在一起,用一根木棍将驴子抬上肩向前走。经过市场口的桥时,很多人围过来看这种有趣的事,大家都取笑他们父子俩。吵闹声和这种奇怪的摆弄使驴子很不高兴，它用力挣断了绳索和棍子，掉到河里去了。

这时，老人又气愤又羞愧，赶忙从小路逃回家去。

以史为鉴：廉颇蔺相如列传

太史公曰：知死必勇，非死者难也，处死者难。方蔺相如引璧睨柱，及叱秦王左右，势不过诛，然士或怯懦而不敢发。相如一奋其气，威信敌国，退而让颇，名重太山，其处智勇，可谓兼之矣！

背景：战国秦赵之争。

人物：廉颇、蔺相如。

优点：勇气过人，远见卓识。

缺点：智勇不能两全，人生但求两全其美。

人生：生于乱世，征战不休。

事件：完璧归赵，一场勇气与智慧的较量。

渑池相会，将相共同捍卫国家。

负荆请罪，将相之和成就文武之道，知错就改就是大智慧。

廉颇是赵国优秀的将领。赵惠文王十六年，廉颇率领赵军征讨

齐国，大败齐军，夺取了阳晋，被封为上卿，他以勇气闻名于诸侯各国。蔺相如是赵国人，是赵国宦者令缪贤家的门客。缪贤曾犯过罪，打算逃往燕国，相如分析赵国强，燕国弱，燕王和缪贤结交只因缪贤受宠于赵王，如今投奔燕国，燕国怕赵国必不敢留，而且会绳缚以送赵国，后来建议缪贤请罪而被赦免。赵惠文王的时候，得到了楚国的和氏璧。秦昭王听说了这件事，就派人给赵王一封书信，表示愿意用十五座城交换这块宝玉。赵王同大将军廉颇及大臣们商量：要是把宝玉给了秦国，秦国的城邑恐怕不可能得到，白白受骗；要是不给呢，就怕秦军马上来攻打我们。想来想去，想找一个能派到秦国去回复的使者，没能找到。宦者令缪贤推荐蔺相如。相如分析，秦国请求用城换璧，赵国如不答应，赵国理亏；赵国给了璧而秦国不给赵国城邑，秦国理亏。两种对策衡量一下，宁可答应它，让秦国来承担理亏的责任。赵王于是就派遣蔺相如带好和氏璧，西行入秦。

秦王坐在章台上接见蔺相如，相如捧璧献给秦王。秦王高兴之余并没有用城邑给赵国抵偿之意，相如借机谈及璧上有斑，欲指与秦王，相如接回璧玉退后几步站定，身体靠在柱子上，怒发冲冠，力陈秦国不以礼相待，毫无以地换璧诚意，手持宝璧，斜视庭柱，就要向庭柱上撞去。秦王怕他真把宝璧撞碎，便向他道歉，坚决请求他不要如此，并把主管的官员叫来查看地图，指明从某地到某地的十五座城邑交割给赵国。相如估计秦王不过用欺诈的手段假装给赵国城邑，实际上赵国是不可能得到的，于是要求秦王斋戒五天，安排九宾大典献璧。相如估计秦王虽然答应斋戒，但必定背约不给城邑，便派他的随从穿上粗麻布衣服，怀中藏好宝璧，从小路逃走，把宝璧送回赵国。秦王斋戒五天后，就在殿堂上安排了九宾大典，去请赵国使者蔺相如。相如对秦王说怕被大王欺骗而对不起赵王，所以派人带着宝璧回去，从小路已到赵国了。况且秦强赵弱，大王派一位使臣到赵国，赵国立即就把宝璧送来。如今凭秦国的强大，先把十五座城邑割让给赵国，赵国怎么敢留下宝璧而得罪大王呢？秦王想，即使杀了相如，终归还是得不到宝璧，反而破坏了秦赵两国的交情，不如趁此好好款待他，放他回到赵国。相如回国后，赵王认为他是一位称职的大夫，身为使臣不受欺辱，于是封相如为上大夫。秦国没有把城邑给赵国，赵国也始终不给秦国宝璧。

　　秦王想在西河外的渑池与赵王进行一次友好会面。赵王害怕秦国，想不去。廉颇、蔺相如商议道："大王如果不去，就显得赵国既软弱又胆小。"赵王于是前往赴会，相如随行。廉颇送到边境，和赵王诀别说："大王此行，估计路程和会见礼仪结束，再加上返回的时间，不会超过三十天。如果三十天还没回来，就请您允许我们立太子为王，以断绝秦国的妄想。"赵王同意这个建议，便去渑池与秦王会面。秦王饮到酒兴正浓时，说："寡人私下里听说赵王爱好音乐，请您弹瑟吧！"赵王就弹起瑟来。秦国的史官上前写道："某年某月某日，秦王与赵王一起饮酒，令赵王弹瑟。"蔺相如上前说："赵王私下里听说秦王擅长秦地土乐，请让我给秦王捧上盆缻，以便互相娱乐。"秦王发怒，不答应。这时相如向前递上盆缻，并跪下请秦王演奏。秦王不肯击缻，相如说："在这五步之内，我蔺相如要把脖颈里的血溅在大王身上了！"侍从们想要杀相如，相如圆睁双眼大喝一声，侍从们都吓得倒退。当时秦王很不高兴，但没办法只好敲了一

下瓴。相如回头招呼赵国史官写道:"某年某月某日,秦王为赵王敲瓴。"秦国的大臣们说:"请你们用赵国的十五座城向秦王献礼。"蔺相如也说:"请你们用秦国的咸阳向赵王献礼。"秦王直到酒宴结束,始终也未能压倒赵国。原来赵国也部署了大批军队来防备秦国,因而秦国也不敢有什么举动。

渑池会结束以后,由于相如功劳大,被封为上卿,位在廉颇之上。廉颇说:"我是赵国将军,有攻城野战的大功,而蔺相如只不过靠能说会道立了点功,可是他的地位却在我之上,况且相如本来是卑贱之人,地位在他之下我感到羞耻,在他下面我难以忍受。"并且扬言说:"我遇见相如,一定要羞辱他。"相如听到后,不肯和他相会。相如每到上朝时,常常推说有病,不愿和廉颇去争位次的先后。没过多久,相如外出,远远看到廉颇,相如就掉转车子回避。于是相如的门客就一起来直言进谏说:"我们所以离开亲人来侍奉您,就是仰慕您高尚的节义呀。如今您比廉颇官位高,廉老将军口出恶言,而您却害怕躲避他,您怕得也太过分了,平庸的人尚且感到羞耻,何况是身为将相的人呢!我们这些人没出息,请让我们告辞吧!"蔺相如坚决地挽留他们,说:"诸位认为廉将军和秦王相比谁厉害?"回答说:"廉将军比不了秦王。"相如说:"以秦王的威势,而我却敢在朝廷上呵斥他,羞辱他的群臣,我蔺相如虽然无能,难道会怕廉将军吗?但是我想,强秦之所以不敢对赵国用兵,是因为有我们两个人在呀,如今两虎相斗,势必不能共存。我之所以这样忍让,是因为要把国家的急难摆在前面,而把个人的私怨放在后面。"廉颇闻言,肉袒负荆,由宾客带引,来到蔺相如的门前请罪。他说:"鄙贱之人,不

知将军宽之至此也。"二人终于相互交欢和好,成为生死与共的好友。

后来廉颇向东进攻齐国,打败了齐国的一支军队。过了两年,廉颇又攻占齐国的几个邑。此后三年,廉颇攻克魏国的防陵、安阳。再过四年,蔺相如领兵攻齐,收兵平邑。廉颇后遭秦反间之计不受重用,赵括纸上谈兵终觉浅,误国误民损国力。赵国受困之际本想启用廉颇,尽管廉颇老矣尚能饭食,终因小人受贿进谗言而告终。一代名将,一生为赵,空留遗憾,魂断他乡。

历史上涌现过许多栩栩如生的英雄,他们点燃现实人生的熊熊烈火。穿越历史,总能发现心中的真实。

教育思考：青春是一部小说

每个人都要学会书写青春，从书写中体会生命的真实。

时间段：学龄期间；地点：学校；人物：学生；事件：学习；主题：学业。

年轻时，每个人的判断力与领导力还不致导致人生有很多缺憾。从小就讲究完美，希望身边的世界充满美好，可能许多当时认为很好的东西，假以时日自己就会发现其中不足的地方太多，青涩的青春永远可圈可点。有些人勇敢地选择面对，迈出了第一步；有些人自卑地封闭了自己，以前做过的将来可能会为自己的不成熟而羞涩，没做过的可能为自己的胆小而自责。无论如何，做过与没做过一样，再做已不能深入其中了，再也找不到感觉了，找不到原点了。人生给你一个杠杆，世界也许随之改变，然而支点放在哪儿，一直令我们犹豫，最可惜的是我们选择面临的背景是没法重来的生命。因此，每个人是自己命运的主人，反思自己，追问自己，每个人的人生都无法复制，独一无二。

人，最特别的是思想。人是自身思想的产物，一生中的行为变化取决于思想的牵引。世界提供舞台，表演完全在个人，观众与周围环境的影响可能使人受到约束，但思想的灵魂不会静止。一个有思想的人要想不孤独与落寞，唯有继续放飞思想的翅膀，自由是思想的最高境界。

每个人要学会阅读青春，从阅读中发现生命的意义。

首先是阅读决定人的认知，人的成长首先在于认知，无知者无畏，无知者也无味。其次是知行合一，知是行之始，行是知之成，知行合一最关键的是有始有终，半途而废一场空。再次是修复自己，精简自己，强化自己，瞄准方向，构建自己的思想体系与行为方式，不断提升自己的境界，也就是修心，修心关键在于了解古今中外名人智慧，重构个人规划。认知—知行合一—修心，这是一个人思想成长的轨迹。唯知行合一者有资格谈思想。社会上有很多人高谈阔论，其实他自己根本没有实践，根本没资格说三道四。很多人评价教育，试问有几人真正做到教育与生活同步？无知—知行不一—无心，这是人生焦虑的本质，教育最可悲之处就是令人产生焦虑，失去快乐。教育会令被教育者去模仿，相反，表率作用不佳而妄谈修为，立刻会引起被教育者反感与对抗。于是有太多的人指责、失责、推责。终于，苦难会如约而至，要么压垮一个人，要么成就一个人，反求诸己，别无他法。

阅读决定人的境界，选择合理的视角，类比健康的标准，犹如飞机航行，冲破云层，在四万尺白云之上。

阅读决定人的方向，活出自己，做好自己。

阅读决定人的价值，发现生活，发现美。思想有多远，人生就有多远。

阅读有选择，读书分精读与略读，生字、生词、生句，好字、好词、好句撞击我们的视听感受，结构布局、文题寓意开拓我们的思想境界，古今释义、中外之别丰富我们的生活雅趣。阅读犹如照镜，从行、品、知三方面映照自己的人生实践，一边品读，一边感悟，一边行动，一边记录，岁月也在蓦然回首之间升华。

青春是一部小说，阅读产生力量，开卷有益，打开小说也就打开了人生的画卷。

岁月如歌：光辉岁月

作词：黄家驹　作曲：黄家驹　演唱：beyond　发行：1990年

钟声响起归家的讯号

在他生命里　仿佛带点唏嘘

黑色肌肤给他的意义

是一生奉献　肤色斗争中

年月把拥有变作失去

疲倦的双眼带着期望

今天只有残留的躯壳

迎接光辉岁月

风雨中抱紧自由

一生经过彷徨的挣扎

自信可改变未来

问谁又能做到

可否不分肤色的界限

在这土地里　不分你我高低

缤纷色彩显出的美丽

是因它没有　分开每种色彩

年月把拥有变做失去

疲倦的双眼带着期望

今天只有残留的躯壳

迎接光辉岁月

风雨中抱紧自由

一生经过彷徨的挣扎

自信可改变未来

问谁又能做到

今天只有残留的躯壳

迎接光辉岁月

风雨中抱紧自由

一生经过彷徨的挣扎

自信可改变未来

问谁又能做到

今天只有残留的躯壳

迎接光辉岁月

风雨中抱紧自由

一生经过彷徨的挣扎

自信可改变未来

问谁又能做到

今天只有残留的躯壳

迎接光辉岁月

风雨中抱紧自由

一生经过彷徨的挣扎

自信可改变未来

五、思想者的灵魂之道

心

经济人生：供给与需求

需求是指随着价格升降而其他因素保持不变的情况下，在一定时期内消费者愿意并且能够购买的商品或劳务。

需求曲线：表示消费者在任意给定的价格下计划购买的数量。

需求法则：当其他条件不变时，物品价格上涨，则需求量下降。类似地，当其他条件不变时，物品价格下跌，则需求量上升。简述之：当其他条件不变时，价格和需求量之间呈负相关。需求是两个变量间的关系。需求决定因素主要有五种：嗜好、收入、相关物品的价格、买者数量、未来价格对收入和产品供应情况的预期。

当价格变动时，人们对某种商品的购买意愿会相应发生变化，增加或减少程度由需求价格弹性的概念来表达，即需求变化的百分比除以价格变化的百分比。价格弹性大于1，需求有弹性；价格弹性小于1，需求缺乏弹性。弹性受三个因素的影响：时间、已知替代品的可及性和相似性、预算中被用于某种东西的比例。人们对价格变化调整的时间越长,需求弹性就越大;替代品越多,需求弹性就越大。预算中被用于某种东西的比例越大,消费者就会精挑细选,他们对价格变化的敏感度就越高,因此需求更有弹性。

供给是指在其他条件保持不变的情况下,生产者在每一价格水平上愿意并且能够提供的最大数量的商品或劳务。

供给曲线:表示生产者在某一特定时期内,在每一价格水平上愿意并且能够提供的最大数量的产品。

供给法则:在一定时期内,市场价格越高,供给量越大;市场价格越低,供给量越小。简述之:价格和供给量呈正相关。供给决定因素主要有六种:生产技术、资源成本、相关物品价格、预期、市场卖者数量、税收和补助金。

供给和需求共同决定市场均衡。当供给量完全等于需求量,即卖者提供的产品数量正好是消费者希望购买的数量时,均衡产生,均衡产生时的价格被称作均衡价格,或者叫出清价格。市场不均衡时出现产品过剩或短缺现象。

市场是买者和卖者相互交易的场所,需求和供给时刻发生。

管理自己：直觉

直觉决策是凭借经验、感觉和所积累的判断力来制订决策。管理最终指向人的秩序。既然是对人的管理，就不能缺失感觉与情感，直觉决策因此不可忽视。直觉决策是一种判断，属于在突破中的一种选择。

直觉决策主要表现为以下五个方面：

基于经验的决策；

基于价值观的决策；

基于潜意识的决策；

基于情感的决策；

基于认知的决策。

直觉决策在问题开放、管理层级较高、发生频率不稳定、信息模糊、目标模糊、时间较长，特别是决策依赖判断与创造力成分较高时优势明显，否则信息技术可以提供清晰的程序量化参考帮助决

策者使用。既然是直觉决策，难免出现失误，努力克服自负、自利、后见、沉没成本、随机性、典型性、事实性、选择性、短暂性错误。

决策按程序办事。决策针对问题而展开，结构化问题采用程序化决策，开放式问题采用非程序化决策。决策时充分考虑确定性、风险、不确定性背景与条件，在机遇与挑战中寻找答案。决策者既要考虑理性原则也要直觉判断，方法不拘一格，多制订方案，多方讨论验证，努力克服或减少失误，追求最优效率，追求最佳效果。

三国演义：司马懿

改变历史的人物之一。表现点：

司马懿作为三国时期著名的军事家，成功地阻止了诸葛亮"六出祁山"。

"出师未捷身先死，长使英雄泪满巾"，诸葛亮"六出祁山"，只为一统大业。

公元228年春，诸葛亮出祁山，不克。失街亭断粮道而退。佯攻斜谷道，主攻祁山。

公元228年冬，复出散关，围陈仓，粮尽退。主攻斜谷道。

公元229年春，诸葛亮遣陈式攻武都、阴平，遂克定二郡。诸葛亮患病而退。主攻祁山。

公元230年秋，魏使司马懿由西城、张郃由子午、曹真由斜谷，欲攻汉中。诸葛亮待之于城固、赤阪，大雨道绝，真等皆还。运粮不济，司马懿反间计致使刘禅信谗言，召诸葛亮回成都。魏军主攻汉中。

公元231年春，诸葛亮复出军围祁山。粮草运济不周而退。主攻祁山。

公元234年春，诸葛亮由斜谷出，始以流马运。秋八月，亮卒于渭滨。主攻斜谷道。

司马懿作为三国时期著名的政治家，成功辅佐曹魏政权。培养其子司马师、司马昭，最后司马懿之孙司马炎终于建立晋朝。

诸葛亮壮志未酬。蜀国之所以不能实现刘备遗愿，一是蜀魏国力相差悬殊，蜀国在人力、物力、财力方面均逊于魏国。二是孙刘联盟的破坏，倘若关羽结亲于东吴，不冒进攻魏；倘若刘备不伐吴，继续主政蜀国，魏国无机可乘，结局亦未可知。三是司马懿堪称诸葛亮的劲敌，屡次识破诸葛亮的计谋，以逸待劳，终致蜀国一无所获。四是蜀国后主暗弱，致使诸葛亮孤掌难鸣，前后不能兼顾。五是蜀国地势崎岖，战线过长，粮草运输困难，不利于用兵。六是诸葛亮不善变化，进攻策略单调。七是诸葛亮事必躬亲，积劳成疾，过早去世，抱憾终生。

昔日魏主曹睿遣驸马夏侯楙调关中诸路兵马迎战诸葛亮，魏延献策："夏侯楙乃膏粱子弟，懦弱无谋。延愿得精兵五千，取路出褒中，循秦岭以东，当子午谷而投北，不过十日，可到长安。夏侯楙若闻某骤至，必然弃城望横门邸阁而走。某却从东方而来，丞相可大驱士马，自斜谷而进。如此行之，则咸阳以西，一举可定也。"倘若诸葛亮用此计谋，结局又难预料。后来魏军邓艾攻蜀险中求胜，一举灭蜀，同是险棋。走与不走有差别，成与不成亦有差别。

历史就是这样，既生瑜，何生亮；既生亮，又何出司马懿？天地之道，人之道，心之道。

红楼追梦：史湘云

乐中悲

襁褓中，父母叹双亡。纵居那绮罗丛，谁知娇养？幸生来，英豪阔大宽宏量，从未将儿女私情略萦心上。好一似，霁月光风耀玉堂。厮配得才貌仙郎，博得个地久天长，准折得幼年时坎坷形状。终久是云散高唐，水涸湘江。这是尘寰中消长数应当，何必枉悲伤！

史湘云，中国古典小说《红楼梦》中的人物，金陵十二钗之一，四大家族史家的千金，贾母的内侄孙女，贾府通称史大姑娘。虽为豪门千金，但她从小父母双亡，由叔父史鼎抚养，而婶婶对她并不好。在叔叔家，她一点儿也做不得主，且不时要做针线活至三更。她的身世与林黛玉有些相似，但她心直口快，开朗豪爽，乐观豁达，才思敏捷，体健貌端，善良细心，爱淘气，甚至敢于喝醉酒后在园子里的大青石上睡大觉。她和宝玉也算是好朋友，在一起时，有时亲热，有时也会恼火，但她襟怀坦荡，从未把儿女私情略萦心上。后嫁与卫若兰，婚后不久，丈夫家被抄，自己逃难流浪乞讨。由于受到宝钗乐观精神的影响，很快从失去丈夫的悲伤中解脱出来。

湘云花名签——海棠。

三十六计：攻战计·我和函数有个约会

第十三计　打草惊蛇【原典】疑以叩实，察而后动。复者，阴之媒也。

第十四计　借尸还魂【原典】有用者，不可借；不能用者，求借。借不能用者而用之，匪我求童蒙，童蒙求我。

第十五计　调虎离山【原典】待天以困之，用人以诱之，往蹇来返。

● 函数——高中时期挥之不去的影子；

● 函数三阶段：对应—映射—函数，一种关系；

● 函数三要素；

● 初中学过的四个函数；

● 限制函数定义域的四个常见类型：分式、偶次根式、对数、零次幂；

- 常规函数与抽象函数；

- 函数解析式：待定系数法、换元法；

- 函数值域：一画、二截、三看；

- 复合函数；

- 分段函数；

- 一元二次函数相关知识。

"打草惊蛇"，函数辐射高中数学网络。

"借尸还魂"，借函数深化对相关问题的理解。

"调虎离山"，数学函数建模解决生活实际问题。

东坡轨迹：功名

北宋仁宗嘉祐二年（1057年），苏轼考中进士，欧阳修作为主考官以为是朋友曾巩写的，为避免别人批评，将首卷降为二卷。欧阳修曾对自己的儿子说："记着我的话，三十年后，无人再谈论老夫。"后来事实的确如此。苏轼兄弟二人考中之时，仁宗皇后曾转达仁宗之言："今天我已经为我的后代选了两个宰相。"

乌台诗案起祸端。元丰二年，苏轼四十三岁，调任湖州知州。上任后他即给皇上写了一封《湖州谢表》，这本是例行公事，但苏轼是诗人，笔端常带感情，即使官样文章，也忘不了加上点个人色彩，说自己"愚不适时，难以追陪新进"，"老不生事或能牧养小民"，这些本是感慨自谦之语却被新党抓住把柄，说他愚弄朝廷，妄自尊大，衔怨怀怒，指斥乘舆，包藏祸心，讽刺当政，莽撞无礼，对皇帝不忠，如此大罪可谓死有余辜了。他们从苏轼的大量诗作中挑出他们认为隐含讥讽之意的句子，一时间，朝廷内一片倒苏之声。这年七月二十八日，苏轼上任才三个月，就被御史台的吏卒逮捕，解往京师，受牵连者达数十人，这就是北宋著名的"乌台诗案"（乌台，即御史台，因其上植柏树，终年栖息乌鸦，故称乌台）。乌台诗案这一巨大打击成为苏轼一生的转折点，新党们非要置苏轼于死地不可。救援活动也在朝野中同时展开，不但与苏轼政见相同的许多元老纷纷上书，就连一些变法派的有识之士也劝谏神宗不要杀苏轼。北宋时期在太祖赵匡胤年间既定下不杀士大夫的国策，王安石当时退休金陵，也上书说："安有圣世而杀才士乎？"仁宗皇后在苏轼入狱期间去世，临终前对神宗交代："我记得苏东坡弟兄二人中进士时，先帝很高兴，曾对家人说，他那天为子孙物色到两个宰相之才。现在我听说苏东坡因为写诗正受审问，这都是小人跟他作对。他们没法子在他的政绩上找毛病，现在想从他的诗入他的罪，这样控告他不也太无所谓了吗？我是不中用了，你可别冤屈好人，老天爷是不容的。"在大家的努力下，苏轼得以从轻发落，贬为黄州团练副使，本州安置，受当地官员监视。苏轼坐牢103天，几次濒临被砍头的境地，最终躲过一劫实属不易。乌台诗案说明文人与政治的矛盾，特别对于苏轼而言，自身的理想价值与他人的人性攻击成就了苏轼一生的波澜壮阔、千古回音。

苏轼入狱期间发生两件趣事，或多或少地影响了皇帝的决定。

趣事一：临死遗言。

苏轼之子苏迈每天给狱中的父亲送饭，二人约好，只许送蔬菜和肉食，倘若听到坏消息就送鱼。有几天，苏迈离开京城出去借钱，拜托朋友送饭，忘记告诉暗号，朋友送去熏鱼，苏轼认为凶多吉少，

于是给弟弟子由写了诀别诗，拜托照顾全家并感念皇恩浩荡，无法图报。此后狱卒将此信交阅于皇帝，皇帝深受感动。

趣事二：监狱探试。

有一天审完苏轼，晚上暮鼓时分，苏轼正要睡觉，忽然一个人走进屋子，一言不发，倒地便睡，东坡以为该人也是囚犯，自己也安然入睡。四更时分，那人独自离去。后来知晓，那人是皇帝派遣的太监，特意到狱中试探苏轼，看苏轼在狱中鼾声如雷，认为苏轼问心无愧。

东山再起难苟且。元丰七年，苏轼离开黄州，奉诏赴汝州就任。由于长途跋涉，旅途劳顿，苏轼的幼儿不幸夭折。汝州路途遥远，且路费已尽，再加上丧子之痛，苏轼便上书朝廷，请求暂时不去汝州，先到常州居住，后被批准。当他准备要南返常州时，神宗驾崩。常州一带水网交错，风景优美。他在常州居住，既无饥寒之忧，又可享美景之乐，而且远离了京城政治的纷争，能与家人、众多朋友朝夕相处。于是苏东坡终于选择了常州作为自己的终老之地。1086年，宋哲宗即位，高太后以哲宗年幼为名，临朝听政，司马光重新被启用为相，以王安石为首的新党被打压。苏轼复为朝奉郎知登州（蓬莱）。四个月后，以礼部郎中被召还朝。在朝半月，升起居舍人。三个月后，升中书舍人。不久又升翰林学士知制诰，知礼部贡举。当苏轼看到新兴势力拼命压制王安石集团的人物及尽废新法后，认为其与所谓"王党"不过一丘之貉，再次向皇帝提出谏言。他对旧党执政后暴露出的腐败现象进行了抨击，由此，他又引起了保守势力的极力反对，于是又遭诬告陷害。苏轼至此是既不能容于新党，又不能见谅于旧党，因而再度自求外调。正因如此，苏轼的人生注定颠沛流离，跌宕起伏。

66岁之时，苏轼曾自嘲：心似已灰之木，身如不系之舟。问汝平生功业，黄州惠州儋州。黄州、惠州、儋州恰是苏轼人生三次被贬谪居之地，过去的流放之地如今都已成为山水宜居城市，时过境迁，历史不会忘记东坡轨迹。所谓功名，不过是追求功名的人的自慰之资，人，只有放弃功名的束缚才有真正的自由，从而回到自然状态下的人生境界。

中外寓言：惊弓之鸟　农夫和蛇

惊弓之鸟

从前，更赢与魏王在高大的台下，他们抬头看见一只飞鸟，更赢对魏王说："我不用箭就能使鸟掉下来。"魏王说："你射箭的技术可以达到这么高的水平吗？"更赢说："可以。"过了一会儿，有一只大雁从东方飞来。更赢不用箭，拉了一下弦，大雁就从半空中掉了下来。魏王惊叹道："箭术难道真的可以达到这种地步？"更赢解释说："这是一只有伤的鸟！"魏王更纳闷了："先生凭什么知道它呢？"更赢回答说："它飞得慢，鸣声又凄厉。飞得慢，是因为旧伤疼痛；鸣声凄厉，是因为长久失群。原来的伤口没有愈合，惊恐的心理还没有消除，一听见弓弦响声便奋力向上飞，引起旧伤迸裂，才跌落下来的。"

农夫和蛇

冬日的一天,农夫发现一条冻僵了的蛇。农夫很可怜它,就把它放在怀里。当他身上的热气把蛇温暖以后,蛇很快苏醒了,露出了残忍的本性,给了农夫致命的伤害。农夫临死之前说:"我竟然去救可怜的毒蛇,就应该受到这种报应啊。"

以史为鉴：乐书

太史公曰：余每读《虞书》，至于君臣相敕，维是几安，而股肱不良，万事堕坏，未尝不流涕也。成王作颂，推己惩艾，悲彼家难，可不谓战战恐惧，善守善终哉。君子不为约则修德，满则弃礼，佚能思初，安能维始，沐浴膏泽而歌咏勤苦，非大德谁能如斯！《传》曰："治定功成，礼乐乃兴。"海内人道益深，其德益至，所乐者益异。满而不损则溢，盈而不持则倾。凡作乐者，所以节乐。君子以谦退为礼，以损减为乐，乐其如此也。以为州异国殊，情习不同，故博采风俗，协比声律，以补短移化，助流政教。天子躬于明堂临观，而万民咸荡涤邪秽，斟酌饱满，以饰厥性。故云雅颂之音理而民正，嘄噭之声兴而士奋，郑卫之曲动而心淫。及其调和谐合，鸟兽尽感，而况怀五常，含好恶，自然之势也？

太史公曰：夫上古明王举乐者，非以娱心自乐，快意恣欲，将欲为治也。正教者皆始于音，音正而行正。故音乐者，所以动荡血脉，通流精神而和正心也。故宫动脾而和正圣，商动肺而和正义，角动肝而和正仁，徵动心而和正礼，羽动肾而和正智。故乐所以内辅正心而外异贵贱也；上以事宗庙，下以变化黎庶也。琴长八尺一寸，正度也。弦大者为宫，而居中央，君也。商张右傍，其余大小相次，不失其次序，则君臣之位正矣。故闻宫音，使人温舒而广大；闻商者，使人方正而好义；闻角音，使人恻隐而爱人；闻徵音，使人乐善而好施；闻羽音，使人整齐而好礼。夫礼由外入，乐自内出。故君子不可须臾离礼，须臾离礼则暴慢之行穷外；不可须臾离乐，须臾离乐则奸邪之行穷内。故乐音者，君子之所养义也。夫古者，天子诸侯听钟磬未尝离于庭，卿大夫听琴瑟之音未尝离于前，所以养行义而防淫佚也。夫淫佚生于无礼，故圣王使人耳闻雅颂之音，目视威仪之礼，足行恭敬之容，口言仁义之道。故君子终日言而邪辟无由入也。

音乐，人之知。

凡音之起，由人心生也。人心之动，物使之然也。感于物而动，故形于声。声相应，故生变；变成方，谓之音；比而乐之，及干戚羽旄，谓之乐。乐者，音之所由生也，其本在人心感于物也。是故其哀心感者，其声噍以杀；其乐心感者，其声啴以缓；其喜心感者，其声发以散；其怒心感者，其声粗以厉；其敬心感者，其声直以廉；其爱心感者，其声和以柔。六者非性也，感于物而后动，故形于声。是故先王慎所以感之者。故礼以导其志，乐以和其声，政以壹其行，刑以防其奸。礼乐刑政，其极一也，所以同民心而出治道也。

凡音者，生人心者也。情动于中，故形于声，声成文谓之音。是故治世之音安以乐，其正和；乱世之音怨以怒，其正乖；亡国之音哀以思，其民困。声音之道，与政通矣。宫为君，商为臣，角为民，征为事，羽为物。五者不乱，则无怗懘之音矣。宫乱则荒，其君骄；商乱则陂，其官坏；角乱则忧，其民怨；征乱则哀，其事勤；羽乱则危，其财匮。五者皆乱，迭相陵，谓之慢。

礼乐，人之行。

人生而静，天之性也；感于物而动，性之颂也。物至知知，然后好恶形焉。好恶无节于内，知诱于外，不能反己，天理灭矣。夫物之感人无穷，而人之好恶无节，则是物至而人化物也。人化物也者，灭天理而穷人欲者也。于是有悖逆诈伪之心，有淫佚作乱之事。是故强者胁弱，众者暴寡，知者诈愚，勇者苦怯，疾病不养，老幼孤寡不得其所，此大乱之道也。是故先王制礼乐，人为之节。衰麻哭泣，所以节丧纪也；钟鼓干戚，所以和安乐也；婚姻冠笄，所以别男女也；射乡食飨，所以正交接也。礼节民心，乐和民声，政以行之，刑以防之。礼乐刑政四达而不悖，则王道备矣。

乐者为同，礼者为异。同则相亲，异则相敬。乐胜则流，礼胜则离。合情饰貌者，礼乐之事也。礼义立，则贵贱等矣；乐文同，则上下和矣。好恶著，则贤不肖别矣；刑禁暴，爵举贤，则政均矣。仁以爱之，义以正之，如此则民治行矣。

乐由中出，礼自外作。乐由中出，故静；礼自外作，故文。大乐必易，大礼必简。乐至则无怨，礼至则不争。揖让而治天下者，礼乐之谓也。暴民不作，诸侯宾服，兵革不试，五刑不用，百姓无患，天子不怒，如此则乐达矣。合父子之亲，明长幼之序，以敬四海之内。天子如此，则礼行矣。

大乐与天地同和，大礼与天地同节。乐者，天地之和也；礼者，天地之序也。和，故百物皆化；序，故群物皆别。乐由天作，礼以地制。乐也者，情之不可变者也；礼也者，理之不可易者也。乐统同，礼别异，礼乐之说贯乎人情矣。穷本知变，乐之情也；著诚去伪，礼之经也。

德乐，人之品。

德者，性之端也。乐者，德之华也。金、石、丝、竹，乐之器也。诗，言其志也；歌，咏其声也；舞，动其容也。三者本乎心，然后乐气从之。是故情深而文明，气盛而化神，和顺积中而英华发外，唯乐不可以为伪。

乐者，心之动也；声者，乐之象也；文采节奏，声之饰也。君子动其本，乐其象，然后治其饰。是故先鼓以警戒，三步以见方，再始以著往，复乱以饬归。奋疾而不拔也，极幽而不隐。独乐其志，不厌其道；备举其道，不私其欲。是以情见而义立，乐终而德尊；君子以好善，小人以息过。故曰："生民之道，乐为大焉。"

君子曰：礼乐不可以斯须去身。致乐以治心，则易直子谅之心油然生矣。易直子谅之心生则乐，乐则安，安则久，久则天，天则神。

乐也者，动于内者也；礼也者，动于外者也。故礼主其谦，乐主其盈。礼谦而进，以进为文；乐盈而反，以反为文。礼谦而不进则销；乐盈而不反则放。故礼有报而乐有反。礼得其报则乐，乐得其反则安。礼之报，乐之反，其义一也。

夫乐者，乐也，人情之所不能免也。乐必发诸声音，形于动静，人道也。声音动静,性术之变,尽于此矣。故人不能无乐,乐不能无形。

渐入人心,无乐不往。

教育思考：呵护心灵

问心无愧，这是个人追问灵魂的标准。每个人要深刻思考个人的灵魂走向，我从哪来？我到哪里去？一颗心何去何从？这关系我们生活中的思想与行动是否走向同一个方向，同时也决定了我们所做的努力是否有意义。问心使人明白地生活，无心者无目地忙碌。文者修心，入世——理性的感性；出世——感性的理性。理者修心，入世——感性的理性；出世——理性的感性。

太阳之于我们，面向，背向；白天，黑夜。月色中的美好缘于旭日的重生，相信生命的开始与继续，否则，黑暗失去了诗意的色彩。阳光下的忙碌，欲望中的喧嚣，欲望与希望同在，太阳与月亮共存。人类的探索本身就是不断挖掘表象背后的过程，从面向指向背后，从背后回到面向，循环反复。

一种选择，一种精神，一种精神成就一段时光。坚持做，持续做，引领一种方向，此谓执著。篮球运动从锻炼起步，前锋、中锋、后

卫、裁判、观众,人的一生,角色犹如球场上的不同身份与位置,一半热情,一半能量,动静之变,阴阳之理,可谓冰火两重天。

建立教育时空,就是不断开发新课程的过程。好比盆景,勤于修复,艺术处理,精心料理,生活百变,乐趣无穷。切记:从始至终,根要留住。育人更要如此,中医西医,标本兼治。

岁月如歌：一生中最爱

作词：向雪怀　作曲：伍思凯　演唱：谭咏麟　时间：1991年

如果痴痴地等某日

终于可等到一生中最爱

谁介意你我这段情

每每碰上了意外

不清楚未来

何曾愿意

我心中所爱

每天要孤单看海

宁愿一生中都不说话

都不想讲假话欺骗你

留意到你我这段情

你会发觉间隔着

一点点距离

无言地爱　我偏不敢说

说一句想跟你一起

如真　如假

如可分身饰演自己

会将心中的温柔

献出给你唯有的知己

如痴　如醉

还盼你懂珍惜自己

有天即使分离

我都想你

我真的想你

六、人的影响

环　境

经济人生：生产成本

在短期中，企业有固定成本和可变成本。固定成本指不论企业是否生产都会产生的费用，包括管理费用、租金和保险等。可变成本指随着企业产量调整而变化的费用，如工资、公共事业设备成本和原材料成本等。总成本等于总固定成本加上总可变成本（TC=TFC+TVC）。总平均成本（ATC）代表了每单位产量的成本，即TC/Q。平均固定成本（AFC）等于TFC/Q，平均可变成本（AVC）等于TVC/Q，所以ATC=AFC+AVC。边际成本是指生产额外单位产品所带来的总成本变化量。在短期中，总固定成本不变（△TFC=0），所以边际成本等于生产额外单位产品的可变成本变化量，因此MC=△TVC/△Q。

在长期中，所有的生产要素都是可变的，企业可以选择进入和退出一个行业。长期平均总成本曲线代表着长期中给定任意产量的最小单位成本。全球化发展到今天，计算机技术与通信技术能够有效管理相当规模的企业。同时，企业生产具有关联效应的产品，增加产品的同时有效降低生产成本，从而导致范围经济。

经济决策，立足当下，面向未来，沉没成本是过去的成本，沉没成本伴随着教训、遗憾以及内心的挣扎与选择。经济学告诉我们，事物本身谈不上成本，行为才有成本。过去意味着沉没，唯有将来才有成本，践行经济学的生活方式，"对谁而言的成本""做什么事的成本"，永远选择"下一步"，直到"完成"。取消意味着归零，没有返回"上一步"之说。

管理自己：项目管理

项目管理是项目团队的管理，项目团队是不同工作平台的人员为了共同的目标临时组建一个工作组织，由项目经理承担管理并与团队成员共同制订流程，确定日程，协调资源，监督评估以保证项目完成。项目类型不一而论，面对现实需要的项目研究是持续发展的必然要求。本着研究的态度，科学的精神，坚定的信仰，学习的路径积极从事项目开发，特别是面向未来的前瞻性创新思维问题，面向现实的效率问题，面向过去的传承问题，值得组织组建相应的项目团队并实施项目管理。

把群体转化为有效团队，使管理参与其中，主要从以下几个方面用力：

（一）清晰的目标

团队成员准确理解、认同、执行目标计划，清晰明确自己的职责与合作的必要。

（二）相关的技能

团队需要成员、需要技术技能与人际关系技能。

（三）相互的信任

真诚相处，彼此信任，在尊重中合作，在信任中交流。

（四）一致的承诺

诚信是团队有效工作的基本原则，书写承诺是约束自我的必要保证，兑现承诺是实现目标的行动之举。承诺什么内容关系团队的行为准则，承诺的过程是责任的体现。

（五）良好的沟通

及时解决团队成员之间的习惯差异，建立成员之间的信任系统，防止成员之间先入为主而造成的负面影响，正确对待成员之间的压力问题，建立良好有序的沟通途径。

（六）谈判的技能

团队创造是成员个体间思想火花的碰撞，在碰撞过程中，每个人需要具备谈判技能，正视团队实施过程中的不可预测事件，积极协调，保证团队项目继续走下去。

（七）合适的领导

领导是激励者，领导是带头人，领导是协调者，领导是参与者，领导是改革者。

（八）环境的支持

提供人才支撑计划，建立奖励薪酬计划，保证团队工作资源。

（九）评估的方案

评估形式不一，按项目工作分解流程，制订评估标准，全面梳理个体在完成项目的各个环节发挥的作用与价值,将项目成果贴上奉献者的功勋标签,实现人尽其才。

三国演义：孙权

改变历史的人物之一。表现点：

孙权（182—252），字仲谋，三国时代东吴的建立者。其父孙坚，自称为春秋时大军事家孙武之后。其兄孙策遇害后，孙权承父兄之业，保有江东，成为一方诸侯。曹操表权为讨虏将军，领会稽太守。孙权先后两次出兵镇抚了山越，稳定了江东六郡的局势。公元208年，率大军亲征黄祖，夺得江陵，复与刘备联合，获得赤壁之战的胜利。公元211年，刘备为报关羽之仇，亲率大军伐吴。孙权一面以陆逊为大都督迎战，一面向魏文帝曹丕称臣，被曹丕拜为吴王，次年三月大破蜀军。公元252年病逝。

孙权外表独特、胆识过人，是治国有法、治军有方的政治家和军事家。孙权识才，周瑜、鲁肃、吕蒙、陆逊、陆抗等先后被发现并重用，孙权因此稳居江东，相对于曹操与刘备，孙权在位时间最长。

从奠定江东基业到建立吴国，从建业建都到成就南京历史，孙权是三足鼎立时期独有的人物，对于江南的发展功不可没。曹操对孙权的评价是："生子当如孙仲谋。"

人的成长，环境因素似水东流，推动着人不由自主地前行，不知当局者是否留意岸上的风景？"春风又绿江南岸，明月何时照我还"，时过境迁，物是人非，那些环境的影响带给岁月中的人们怎样的刻痕，成就什么样的记忆？又有谁能够细说原委，道尽原由呢？

红楼追梦：妙玉

世难容

气质美如兰，才华阜比仙。天生成孤癖人皆罕。你道是啖肉食腥膻，视绮罗俗厌；却不知太高人愈妒，过洁世同嫌。可叹这，青灯古殿人将老；辜负了，红粉朱楼春色阑。到头来，依旧是风尘肮脏违心愿。好一似，无瑕白玉遭泥陷；又何须，王孙公子叹无缘。

妙玉，中国古典小说《红楼梦》中的人物，金陵十二钗之一，苏州人氏，是一个带发修行的尼姑。她原是仕宦人家的小姐，从小出家为尼。贾府建造大观园，妙玉入住栊翠庵。她在贾母、王夫人面前从容自若，不卑不亢。在大观园的日子里，她与宝玉、黛玉、宝钗、湘云、惜春、邢岫烟结下友谊。她美丽聪颖，心性高洁，却遭人嫉恨，举世难容。她是佛家弟子，文学上却大爱庄子，感情上又尘缘未了，不洁不空。她才华馥郁，品位高雅，中秋夜联诗，塑造她为"红楼诗仙"。 妙玉天赋聪慧，资质不凡。她茶艺精湛，与贾府四春的琴棋书

画并称绝艺。她极通文墨,极熟经典,模样又极好,"欲洁何曾洁,云空未必空"。刘姥姥喝过的茶杯,她嫌脏,不要了,而给宝玉斟茶所用的茶杯却是自己最爱的绿玉斗。宝玉生日,她特地派人送去"槛外人妙玉恭肃遥叩芳辰"的字帖,尽在不言中。见宝玉在旁观棋,她面红耳赤。她借故邀宝玉同行,暗藏无限心事。不洁不空、为情所困彰显了妙玉的人性美和叛逆精神,活脱脱真性灵的女儿家!然而,她毕竟是带发修行的女尼,在庵堂寂寞里虚度了青春,辜负了红粉朱楼春色阑。

三十六计：攻战计·图像变换编织视觉世界

第十六计　欲擒故纵【原典】逼则反兵，走则减势。紧随勿迫。累其气力，消其斗志，散而后擒，兵不血刃。需，有孚，光。

第十七计　抛砖引玉【原典】类以诱之，击蒙也。

第十八计　擒贼擒王【原典】摧其坚，夺其魁，以解其体。龙战于野，其道穷也。

研究函数必研究图像。

● 初中四个函数：

$y = kx$　　　　　　$(k \neq 0)$

$y = \dfrac{k}{x}$　　　　　　$(k \neq 0)$

$y = kx + b$　　　　$(k \neq 0)$

$y = ax^2 + bx + c$　$(a \neq 0)$

从列表、描点、连线、示意图等方面加以类比研究。

- 图像画法与图像变换：

平移变换：$y=f(x)$　　$y=f(x-a)$
$$f(x)=|ax+b|$$

翻折变换：$f(x)=|ax+b|+|cx+d|$
$$f(x)=|ax+b|-|cx+d|$$

对称变换：轴对称与中心对称，从形与式分析特点。

- 高斯函数：$f(x)=[x]$

- $f(x)=\dfrac{ax+b}{cx+d}$

- 分段函数

例：$\forall x_1, x_2 \in R$，$\min\{x_1 x_2\}$ 表示 x_1, x_2 较小的数，若 $f(x)=2-x^2$，$g(x)=x$，请画出 $\min\{f(x), g(x)\}$ 的图像。

图像探究：

$$f(x)=x+\dfrac{a}{x}\quad(a>0)$$

$$f(x)=x+\dfrac{a}{x}\quad(a<0)$$

"欲擒故纵"，分析图像要顺藤摸瓜，抓住整体走势。

"抛砖引玉"，函数图像的变换丰富了函数的类型。

"擒贼擒王"，函数图像必有基本主要类型，抓住根本方能抓住实质。

东坡轨迹：才华

　　苏轼是北宋著名散文家、书画家、文学家、词人、诗人，是豪放派词人的主要代表。苏轼和父亲苏洵、弟弟苏辙合称为唐宋八大家中的"三苏"。他在文学艺术方面堪称全才。其文汪洋恣肆，明白畅达，与欧阳修并称欧苏，为唐宋八大家之一；诗清新豪健，善用夸张比喻，在艺术表现方面独具一格，与黄庭坚并称苏黄；词开豪放一派，对后代很有影响，与辛弃疾并称苏辛；书法擅长行书、楷书，能自创新意，用笔丰腴跌宕，有天真烂漫之趣，与黄庭坚、米芾、蔡襄并称宋四家；画学自成一家，与画家米芾共同开创了中国画的先河，喜作枯木怪石墨竹，论画主张神似。可以说，苏轼是一代文豪。北宋时期，文人辈出，北宋皇帝也能文擅画，如此璀璨的文化星空中，苏轼首屈一指，可见才华过人，在中国几千年的文化史中占有重要地位。唐诗宋词堪称中华文化的明珠，集诗词于一身获此不凡成就者唯苏轼莫属。

苏轼在词的创作上取得了非凡的成就。苏轼主张词应该追求壮美的风格和阔大的意境,词品应与人品相一致,作词应像写诗一样,抒发自我的真实性情和独特的人生感受,增强了语境的哲理意蕴,只有这样才能"其文如其为人"。在词的创作上自成一家,以文章气节并重,扩大词的表现功能,开拓语境,是苏轼改革词体的主要方向。他将传统的表现女性化的柔情之词扩展为表现男性化的豪情之词,将传统上只表现爱情之词扩展为表现性情之词,使词像诗一样可以充分表现作者的性情和个性。苏轼让充满进取精神、胸怀远大理想、富有激情和生命力的仁人志士昂首走入词世界,改变了词作原有的柔软情调,开启了南宋辛派词人的先河。由于苏轼扩大了词的表现功能,丰富了词的情感内涵,拓展了词的时空场景,从而提高了词的艺术品位,把词堂堂正正地引入文学殿堂,使词上升为一种与诗具有同等地位的抒情文体。

苏轼对社会的看法和对人生的思考都毫无掩饰地表现在其文学作品中,其中又以诗歌最为淋漓酣畅。借诗歌反映社会现实和思考人生,借诗歌对社会中由来已久的弊政、陋习进行抨击,体现出更深沉的批判意识。苏轼一生宦海浮沉,奔走四方,生活阅历极为丰富。他善于从人生遭遇中总结经验,也善于从客观事物中见出规律。正如《题西林壁》:"横看成岭侧成峰,远近高低各不同。不识庐山真面目,只缘身在此山中。"苏轼对沉浮荣辱持有冷静、旷达的态度,逆境中的诗篇更是诗中精品。苏轼有一个自嘲的生活故事:一天,酒足饭饱,东坡在屋内扪腹徐行,问家中女人,自己的便便大腹之中何所有?有的说是一肚子学问,有的说是一肚子墨水,有的说是一肚子诗文,东坡皆言不是,最后,侍妾朝云说:"你是一肚子不合时宜。"东坡大呼:"对!"苏轼作为一个诗人,正是怀着这种矛盾的态度行走在仕途间。

"读万卷书,行万里路",苏轼是古今第一人,堪比圣人孔子。从某种意义上讲,诗源屈原而名于李白,词源苏轼而名于王国维。

中外寓言：刻舟求剑　家狗和狼

刻舟求剑

　　楚国有个渡江的人，他的剑从船里掉到水中，他立即在船边上刻了个记号，说："这儿是我的剑掉下去的地方。"船停了，这个楚国人从他刻记号的地方下水寻找剑。船已经前进了，但是剑不会随船前进，像这样找剑，不是很糊涂吗？

家狗和狼

　　一条饥饿的瘦狼在月光下四处寻食，遇到了喂养得非常壮实的家狗。它们相互问候后，狼说："朋友，你怎么这般肥壮，吃了些什么好东西啊？我现在日夜为生计奔波，苦苦地煎熬着。"狗回答说："你若想像我这样，只要学着我干就行。""真是这样？"狼急切

地问,"什么活儿？" 狗回答说:"就是给主人看家,夜间防止贼进来。" "什么时候开始干呢？"狼说,"住在森林里,风吹雨打,我都受够了。为了有个暖和的屋子住,不挨饿,做什么我都不在乎。""那好。"狗说,"跟我走吧！" 它们俩一起上路,狼突然注意到狗脖子上有一块伤疤,感到十分奇怪,不禁问狗这是怎么回事。狗说:"没什么。"狼继续问:"到底是怎么回事？""一点点小事,也许是被我脖子上拴铁链子的颈圈弄的。"狗轻描淡写地说。"铁链子！"狼惊奇地说,"难道说,你不能自由自在随意地跑来跑去吗？""不对,也许不能完全随我的心意。"狗说,"白天有时候主人把我拴起来。但我向你保证,在晚上我有绝对的自由；主人把自己盘子中的东西喂给我吃,佣人把残羹剩饭拿给我吃,他们都对我倍加宠爱。""晚安！"狼说,"你去享用你的美餐吧,至于我,宁可自由自在地挨饿,而不愿套着一条链子过舒适的生活。"

以史为鉴：货殖列传

太史公曰：夫神农以前，吾不知已。至若《诗》《书》所述虞、夏以来，耳目欲极声色之好，口欲穷刍豢之味，身安逸乐，而心夸矜势能之荣，使俗之渐民久矣，虽户说以眇论，终不能化。故善者因之，其次利道之，其次教诲之，其次整齐之，最下者与之争。

司马迁首先批判了老子的虚无主义。

老子曰："至治之极，邻国相望，鸡狗之声相闻，民各甘其食，美其服，安其俗，乐其业，至老死不相往来。"必用此为务，挽近世涂民耳目，则几无行矣。

全国各地物产丰富，人们追求更好的物质享受，农、虞、工、商应需而生。正如司马迁所述：故待农而食之，虞而出之，工而成之，商而通之。此宁有政教发徵期会哉？人各任其能，竭其力，以得所欲。故物贱之徵贵，贵之徵贱，各劝其业，乐其事，若水之趋下，日夜无休时，不召而自来，不求而民出之。岂非道之所符，而自然之验邪？

　　社会在追求物质的道路上不断前进。仓廪实而知礼节，衣食足而知荣辱。礼生于有而废于无。故君子富好行其德，小人富以适其力。渊深而鱼生之，山深而兽往之，人富而仁义附焉。富者得势益彰，失势则客无所之，以而不乐，夷狄益甚。谚曰："千金之子，不死于市。"此非空言也。故曰："天下熙熙，皆为利来；天下攘攘，皆为利往。"夫千乘之王，万家之侯，百室之君，尚犹患贫，而况匹夫编户之民乎！

　　货无经业，货无常主，善于经营的就能积累财富，没有本事的就会倾家荡产，家有千金可比一都之君，财产上亿如同国王。

　　从前，越王勾践被围困在会稽山上，于是任用范蠡、计然。计然说："知道要打仗，就要做好战备；了解货物何时为人需求购用，才算懂得商品货物。善于将时与用二者相对照，那么各种货物的供需行情就能看得很清楚。粮食平价出售，并平抑调整其他物价，关卡税收和市场供应都不缺乏，这是治国之道。研究商品过剩或短缺的情况，就会懂得物价涨跌的道理。物价贵到极点，就会返归于贱；物价贱到极点，就要返归于贵。当货物贵到极点时，要及时卖出，视同粪土；当货物贱到极点时，要及时购进，视同珠宝。货物钱币的流通周转要如同流水那样。"勾践照计然策略治国十年，越国富有了，能用重金去收买兵士，使兵士们冲锋陷阵，不顾箭射石击，就像口渴时求得饮水那样，终于报仇雪耻，灭掉吴国，继而耀武扬威于中原，号称"五霸"之一。

　　范蠡既已协助越王洗雪了会稽被困之耻，便长叹道："计然的策略有七条，越国只用了其中五条，就实现了雪耻的愿望。既然施用于治国很有效，我要把它用于治家。"于是，他便乘坐小船漂泊江湖，改名换姓，到齐国改名叫鸱夷子皮，到了陶邑改名叫朱公。朱公认为陶邑居于天下中心，与各地诸侯国四通八达，交流货物十分便利。于是就治理产业，囤积居奇，随机应变，与时逐利，而不责求他人。所以，善于经营致富的人，要能择用贤人并把握时机。十九年来，他三次赚得千金之财，两次分散给贫穷的朋友和远房同姓的兄弟。这就是所谓君子富有便喜好去做仁德之事了。范蠡后来年老力衰而听凭子孙，子孙继承了他的事业并有所发展，终致有了巨万家财。所以，后世谈论富翁时，都称颂陶朱公。范蠡也成为财神之一。

　　天下行为以利而行，天下人心以德而修。身心合一，表里如一，知行合一，始终如一。

教育思考：教育即生活

生活与教育随行，立足现实，善用变化。几块土豆，几片洋葱，一盘菜，一顿餐。生活有什么就拼凑什么，关键与自己心仪的人一起享受简单的快乐。大富大贵之家也是一盘菜，过去皇帝又如何？美食加美女，仍觉索然无味，快乐不一定比平凡的老百姓多，于是不断寻求刺激，最终也不过是归于尘土。所以，生活的追求不在于拥有更多的财富与权力，而在于有什么、做什么，与对的人活在当下的现实。教育也如此，不在于你学问如何高深，而在于你的学问是否扎根于现实。的确，刺激的不断出现激发学生的求知欲，但是学生的感观强化是否破坏了生命的鲜活？每一天的生活程序化、效率化、机械化是否符合人性的本真？仅仅因为大脑潜力无穷而开发无度，大脑产生多少垃圾？教育要讲究变化，每一次变化刺激学生的思想与行为。从学生发展方面讲，刺激符不符合人性，符不符合科学，这是变化的根本。刺激的导向、时机、强弱、周期关系是衡量教育的尺度。

教育自有教育的标准：

（一）教育成长贵在坚持。教、学、读、思、写贯穿教育生命。

（二）教育学习贵在方向。参阅古今，借鉴中外，走出自己的人生轨迹。

（三）教育实践贵在个性。成为自己方为独立。

（四）教育人生贵在思考。境界非一朝一夕之功。

（五）教育艺术贵在美学。风过有凉意，雨过有彩虹。

（六）教育思想贵在人性。人因思想而存在。

（七）教育选择贵在真实。过一种纯粹的生活。

（八）教育意义贵在深刻。岁月无声却有痕。

（九）教育存在贵在发生。社会进步是唯一的标准。

（十）教育价值贵在发现。反省人生。

岁月如歌：当爱已成往事

作词：李宗盛　作曲：李宗盛　演唱：张国荣　时间：1992年

啊呀　依孤看来
今日是你我分别之日了
往事不要再提
人生已多风雨
纵然记忆抹不去
爱与恨都还在心里
真的要断了过去
让明天好好继续
你就不要再苦苦追问我的消息
爱情它是个难题
让人目眩神迷

忘了痛或许可以

忘了你却太不容易

你不曾真的离去

你始终在我心里

我对你仍有爱意

我对自己无能为力

因为我仍有梦

依然将你放在我心中

总是容易被往事打动

总是为了你心痛

别留恋岁月中

我无意的柔情万种

不要问我是否再相逢

不要管我是否言不由衷

为何你不懂

只要有爱就有痛

有一天你会知道

人生没有我并不会不同

人生已经太匆匆

我好害怕总是泪眼蒙眬

忘了我就没有痛

将往事留在风中

因为我仍有梦

依然将你放在我心中
总是容易被往事打动
总是为了你心痛
别留恋岁月中
我无意的柔情万种
不要问我是否再相逢
不要管我是否言不由衷
为何你不懂
只要有爱就有痛
有一天你会知道
人生没有我并不会不同
人生已经太匆匆
我好害怕总是泪眼蒙眬
忘了我就没有痛
将往事留在风中
为何你不懂
只要有爱就有痛
有一天你会知道
人生没有我并不会不同
人生已经太匆匆
我好害怕总是泪眼蒙眬
忘了我就没有痛
将往事留在风中

七、成长与学习的品质

过

经济人生：全球化

全球化必将带来改变，传统的生活方式在全球一体化的进程中可能分崩离析，实际生产力由于劳动技能的进步、知识的增加、经济组织的改进而显著提高，全球化使得不同国家及地区间深度融合与交流并广泛开展合作，促使世界经济走向共享。科技进步促进生产力的发展，各国各地区间的差别变得十分明显，碰撞变得十分频繁，竞争也走向激烈。

公共物品在消费上存在非竞争性和非排他性。非竞争性意味着一个人对产品的使用不会减少其他人的使用量。非排他性意味着一旦物品被提供，没有一个人可以被排除在消费之外。因为公共产权资源被许多人共同拥有，单个经济体倾向于过度使用和过度开发，全球问题就会产生，诸如石油问题、海洋问题、气候问题。当受益者或受损者不属于交易主体之一时，外部性就会出现。环境污染和乱扔垃圾就是负外部性的例证，教育和注射疫苗就是正外部性的例证。当市场体系无法以最优的社会价格提供社会最优量的时候,市场失灵就会出现,公共物品、外部性、公共产权资源都是造成市场失灵的重要因素。

市场失灵导致污染增加,或者产生其他负外部性,全球环境不容乐观。市场失灵是造成全球变暖的原因。科学界逐渐达成共识:如果排放率没有实现大幅度地减少,到21世纪末,温室气体导致的全球变暖将会使得气候、生态、海岸线等方面发生不可逆转的变化。全球经济将会因为环境问题而变得十分复杂。

全球气候变化是一个世界性的负外部性问题,气候问题是需要持续的努力与合作方能解决的问题。成本收益分析不会考虑过长时间,我们必须考虑时间长度、问题的难度与不确定性增加等因素。全球气候变化也是公共物品,关于技术改进环境难题存在搭便车现象。全球气候变化也存在公平问题,造福于子孙后代不仅需要法制保障,更是价值观的追求与体现。

世界经济走向良性轨迹必须倡导低碳经济,号召世界各国开始环保行动:使用更有效的交通工具或者减少使用,建造有效建筑,控制发电厂CO_2排放,运用核能,利用生物燃料代替石化燃料,利用风能和太阳能,减少森林砍伐等。

世界各国在不断追求经济增长的同时必然带来一系列社会问题,不同国家之间的沟通与合作存在诸多问题,尽管信息时代与交通工具的发展为全球化提供现实条件,但全球化带来的影响远远没有从整个地球与整个人类的角度进行系统优化与治理。人类的脚步融入经济的大潮,有谁能够停下匆匆的脚步呢?又有谁能够回头看一看我们缔造的世界呢?

管理自己：人格

人格是个体情感模式、思维模式、行为模式的独特组合。人格影响个体如何处事以及为何如此处事，关系人际交往与个人修为。

人格从表达方式上有内向与外向之分，从思维方式上有理性与感性之分，从理解方式上有领悟与直觉之分，从反应方式上有冷静与果敢之分，从行为处事方式上有传统与创新之分。

人格从外部因素方面讲受环境影响深远，成长环境、工作环境、家庭环境、学习环境、文化环境，不一而论。人格从内部因素方面讲受自身心灵成长影响深远，自尊的心态、自律的习惯、变化的情绪，不一而论。

修复人格特征，发挥人格魅力，不断适应社会变化与工作挑战，主要从自身开始，倡导自我意识、自我管理、自我激励、自我发现、自我完善。

人格与选择职业息息相关，为了更好地实现个人的社会价值，请根据自己的人格特点慎重选择职业。

人格无优劣之分，成功不拘一格。不同的人格都能走向成功，成功就是以己之长避己之短、瞄准方向、善借外力、卧薪尝胆、勇于突破的持续之举。注意以下几个要素：

（一）评估自己的优劣势。

（二）确定市场机会。

（三）负责管理自己的职业。

（四）培养人际关系。

（五）熟能生巧。

（六）与时俱进。

（七）注意关系网络。

（八）提高知名度。

（九）找一个指导者。

（十）利用竞争优势。

（十一）不要回避风险。

（十二）尝试更换创业平台。

（十三）机会+准备+运气=成功。

（十四）战略转移与战术更新。

（十五）终生学习。

三国演义：关羽

改变历史的人物之一。表现点：

忠义不能两全。

关羽与曹操渊源甚深。关羽受降之时与曹操约法三章：一是降汉不降曹，二是俸禄养赡二嫂，三是知晓刘备去向便要投奔追随。曹操待关羽甚厚，三日一小宴，五日一大宴，赐锦袍，赏赤兔，给财物，赏美女，派人役，拜亭侯。关羽为报曹操之恩，斩颜良、诛文丑以报厚恩。当知晓刘备在袁绍营中之时，尽封所赐金银等物；美女十人，另居内室；汉寿亭侯印悬于堂上；曹操所拨人役，皆不带去，只带原跟从人及随身行李出门而去。千里单骑寻刘备，不忘旧主，舍生取义。

赤壁之战华容道义释曹操，充分说明关羽忠义不能两全。关羽最喜欢读《春秋》，孔子生前曾说过，后人评价自己，功也《春秋》罪也《春秋》，他人尚且不说，关羽是不是深受《春秋》的影响而纠结于忠义呢?

关羽的人生高峰是水淹曹军,生擒于禁,威震华夏。刮骨疗毒,饮酒谈笑,淡定自如。可谓智勇双全真丈夫。

骄傲自满,刚愎自用,关羽对于联吴抗曹策略不能善始善终。初时不服诸葛亮一介书生,后来不服马超,诸葛亮写信称其美髯公绝伦超群,非马超可比,关羽将信示于众人。更有其后刘备册封五虎上将黄忠之时,关羽也不屑与其为伍。东吴世子欲结亲于关羽之女,关羽更是勃然大怒:"吾虎女安肯嫁犬子乎!"东吴本意是欲结好两家,齐力破曹,结果东吴因此而转向曹操,关羽前有曹军,后有吴军,腹背受敌而失性命。

刘备兵败彝陵,主因是为关羽报仇,本来经过众将劝阻,已经取消攻吴之举,张飞又火上浇油,刘备才坚决伐吴,此时,刘备也将国家之忠至小义之下,犯下一生大错。桃园结义,成于义失于义,三兄弟叱咤风云,命运的结局却令人唏嘘感叹。

关羽大意失荆州,根源在哪里?诸葛亮隆中对,据荆州平益州,益州的刘璋请求刘备攻打汉中的张鲁,果真如此,张鲁定能顺利攻下,此时,马超、韩遂与曹操在关中激战正酣,双方联合对抗曹操,结局就另当别论了。而刘备遵循隆中之策,先定益州,错过时机,以致曹操平定关中与凉州,再平汉中的张鲁,益州危急。关羽出兵荆州牵制曹操,从此一去难返。

隆中对是刘备一生坚守的国策,然而在三国动荡的时代里,风云瞬息万变,如不能随机应变,天时、地利、人和之势瞬间而过,再想寻找机会,难上加难。机会不可能永远眷顾同一个人,何况在三国英雄辈出的年代。英雄之所以为英雄，不犯错误不可能，犯同样的错误也几乎不可能，关键是自己犯的是什么错误，对手犯的是什么错误。所以对自己而言，成败机遇往往出现在两处：自己在转折处不犯错误，对手犯了错误，并且自己抓住了对手的错误；自己在转折处犯了错误，对手没犯错误，对手没抓住自己的错误。

红楼追梦：迎春

喜冤家

中山狼，无情兽，全不念当日根由。一味的骄奢淫荡贪还构。觑着那，侯门艳质同蒲柳；作践的，公府千金似下流。叹芳魂艳魄，一载荡悠悠。

贾迎春，中国古典小说《红楼梦》中的人物，金陵十二钗之一，贾赦与其妾所生，贾府二小姐。迎春肌肤微丰，合中身材，腮凝新荔，鼻腻鹅脂，温柔良善，胆怯懦弱，有"二木头"的诨名。她不但作诗猜谜不如姐妹们，在处世为人上也只知退让，任人欺侮。她的攒珠垒丝金凤首饰被下人拿去赌钱，她不追究，别人设法要替她追回，她却说："宁可没有了，又何必生气。"她父亲贾赦欠了孙家五千两银子还不出，就把她嫁给孙家，实际上是拿她抵债。出嫁后才一年，她就被孙绍祖虐待而死。

迎春居所——紫菱洲。

三十六计：混战计·函数性质凸显人生际遇

第十九计　釜底抽薪【原典】不敌其力，而消其势，兑下乾上之象。

第二十计　浑水摸鱼【原典】乘其阴乱，利其弱而无主。随，以向晦入宴息。

第二十一计　金蝉脱壳【原典】存其形，完其势；友不疑，敌不动。巽而止蛊。

函数性质主要从以下几方面分析：

● 定义域

例：已知函数$y=f(x+1)$的定义域是$[-2,3]$，求$f(2x-1)$的定义域。

● 值域

例：若函数$f(x)$在$[a,b]$上的值域为$\left[\dfrac{a}{2},\dfrac{b}{2}\right]$，则称函数$f(x)$为"和谐函数"。下列函数中属于和谐函数的是哪几个？

(1) $g(x)=\sqrt{x-1}+\dfrac{1}{4}$

(2) $p(x) = \dfrac{1}{x}$

(3) $q(x) = \ln x$

(4) $h(x) = x^2$

根据上述函数的单调性,从式上求解要结合图形,特别要考虑从函数与 $y = \dfrac{1}{2}x$ 的关系入手。

● 特殊点

对于函数 $y=f(x)$,我们把使 $f(x)=0$ 的实数 x 叫作函数 $y=f(x)$ 的零点。

函数 $y=f(x)$ 的零点就是方程 $f(x)=0$ 的实数根,也就是函数 $y=f(x)$ 的图像与 x 轴的交点的横坐标。

方程 $f(x)=0$ 有实数根

$\Leftrightarrow$ 函数 $y=f(x)$ 的图像与 x 轴有交点

$\Leftrightarrow$ 函数 $y=f(x)$ 有零点

零点存在定理:如果函数 $y=f(x)$ 在区间 $[a,b]$ 上的图像是连续不断的一条曲线,并且有 $f(a) \cdot f(b) < 0$,那么,函数 $y=f(x)$ 在区间 (a,b) 内有零点,即存在 $c \in (a,b)$,使 $f(x)=0$,这个 c 也就是方程 $f(x)=0$ 的根。

二分法

对于在区间 $[a,b]$ 上连续不断且 $f(a) \cdot f(b) 0$ 的函数 $y=f(x)$,通过不断地把函数 $f(x)$ 的零点所在的区间一分为二,使区间的两个端点逐步逼近零点,进而得到零点近似值的方法叫作二分法。

给定精确度 ε,用二分法求函数 $f(x)$ 零点近似值的步骤如下:

(1) 确定区间$[a, b]$, 验证$f(a) \cdot f(b) < 0$, 给定精确度ε;

(2) 求区间(a, b)的中点c;

(3) 计算$f(c)$。

(1) 若$f(c) = 0$, 则c就是函数的零点;

(2) 若$f(a) \cdot f(c) < 0$, 则令$b = c$, 此时零点$x_0 \in (a, c)$;

(3) 若$f(c) \cdot f(b) < 0$, 则令$a = c$, 此时零点$x_0 \in (c, b)$。

(4) 判断是否达到精确度ε: 若$|a-b| < \varepsilon$, 则得到零点近似值a或b; 否则重复2~4。

鉴于利用二分法求方程的近似解计算量较大, 而且重复相同的步骤, 因此, 可以设计计算程序, 借助计算机完成计算。

● 最值

● 单调性

1. 看学过函数, 析增增减减。

2. 定义。

3. 已知图像会判断（区间）。

$$y = -x^2 + 2|x| + 1$$

$$y = |-x^2 + 2x + 3|$$

$$y = \frac{2x+1}{x-2}$$

$$y = |2x+1|$$

$$y = |x-1| + |x+2|$$

$$y = |x-1| - |x+2|$$

4. 未知函数会证明（步骤）。

$y = \sqrt{x}$

$y = x^3$

$y = x + \dfrac{a}{x}$ $(x > 0)$

5. 分段函数。

例：若函数 $f(x) = \begin{cases} (2b-1)x + b - 1 & x > 0 \\ -x^2 + (2-b)x & x \leq 0 \end{cases}$ 在R上递增，求b的范围。

6. 复合函数。

例：指出函数 $f(x) = \sqrt{x^2 + x - 6}$ 的单调区间。

7. 抽象函数。

例：已知 $y=f(x)$ 在定义域 $(-1, 1)$ 上是减函数，且 $f(1-a) < f(a^2-1)$，求a的取值范围。

8. 练习。

（1） $f(x) = x^2 - 2kx - 3$ 在 $[4, +\infty)$ 上单调，求k的取值范围。

（2） $f(x) = \dfrac{\sqrt{3-ax}}{a-1}$, $(a \neq 1)$ 在 $(0, 1]$ 上是减函数，求a的取值范围。

（3）已知 $f(x)$ 对任意 a, b 都有 $f(a+b) = f(a) + f(b) - 1$，并且当 $x>0$ 时，$f(x)>1$。

①求证 $f(x)$ 在R上为增函数。

②若 $f(4)=5$，解不等式 $f(3m-m-2)<3$。

● 奇偶性

1. 定义。

2. 特征。

3. 类型。

4. 判断。

5. 利用奇偶性求解析式。

6. $f(x) = x + \dfrac{a}{x}$。

例：已知$f(x)=x^2-|x+a|$为偶函数，求a。

例：定义R上的奇函数$f(x)$满足$f(x+2)=-f(x)$，当$0≤x≤1$时$f(x)=x$，求$f(7.5)$。

● 对称性

例：设函数$f(x)=\ln(1+|x|)-\dfrac{1}{1+x^2}$，求使$f(x)>f(2x-1)$成立的$x$的取值范围。

例：函数$y=f(x)$是R上的奇函数，满足$f(3+x)=f(3-x)$，当$x\in(0,3)$时，$f(x)=2^x$，求函数$f(x)$当$x\in(-6,-3)$时的解析式。

● 周期性

$f(x+T)=f(x)$；$f(a+x)=(b-x)$；$f(a+x)=f(b+x)$；$y=f(a+x)$与$y=f(x+b)$的关系。

$y=f(x)$关于$x=a$与$x=b$对称，则$y=f(x)$为周期函数。$y=f(x)$关于$(a,0)$与$x=b$对称，则$y=f(x)$为周期函数。$y=f(x)$关于$(a,0)$及$(b,0)$对称，则$y=f(x)$为周期函数。

"釜底抽薪"，函数的不同表达方式指向的必然是性质的核心。

"浑水摸鱼"，分析函数就是找到性质的关键点。

"金蝉脱壳"，借助图像总能找到性质的存在。

东坡轨迹：品格

  苏轼的品格体现在才华方面。苏轼在文、诗、词三方面都达到了极高的造诣，堪称宋代文学最高成就的代表。而且苏轼的创造性活动不局限于文学，他在书法、绘画等领域内的成就都很突出，对医药、烹饪、水利等技艺也有所贡献。苏轼典型地体现着宋代的文化精神。

  苏轼的品格体现在为人方面。苏轼在当时文坛上享有非常好的声誉，他继承了欧阳修的精神，十分重视发现和培养文学人才。苏轼乐观向上的积极人生观使他交友无数，当时社会精英几乎无一不与苏轼有过交往。苏轼友人遍及各行各业，苏轼是当时人们的偶像，粉丝拥有量全国占比遥遥领先。苏轼的作品在当时就闻名遐迩，在辽、高丽等地广受欢迎。苏轼是古代文人作品流传至今保存较多的作者之一。

  苏轼的品格体现在处事方面。苏轼和蔼可亲、幽默机智，处处为百姓着想，事事以规律行事，每到一地，就自然而然地融入当地的风土人情，将自己豁达的人生观表现无遗，发现生活中的小乐趣，发明生活中的小事物。通过自己的才华及关系力所能及地为当地人谋福利。

更难能可贵的是苏轼知行合一，以自己的生命轨迹践行自己的哲学人生。从行动上进退自如，宠辱不惊；从思想上开拓意境，崇尚自然。苏轼的人生，悲情与豪情贯穿始终。悲情从何而来？亲人离去之悲：三个伴侣的去世、儿子苏遁的夭折、父母的去世、与弟弟苏辙的聚少离多，现实如此，加之苏轼所处地位，深刻了解百姓疾苦，深刻洞悉国家管理弊端，加之受儒家、佛家思想的影响，悲情自然挥之不去。豪情从何而来？苏轼深受道家思想影响，热爱自然，崇尚自然，造诣如此之高的苏轼倘若回归自然，文学的天赋仍会再攀高峰，这是世代文人的理想。面对现实，一为生计，苏轼也需要为生活而奔波，否则一家人谁来养活？二为国家，作为社会名人，苏轼的人生不决定于自己，而是决定于朝廷，所以苏轼不可能自然归隐，唯有顺势而为，将热爱自然的心境投入自然，大自然永远不会嫌弃任何失意的人。多地的奔波让苏轼视野开阔，见识颇多，古人倡导读万卷书、行万里路，苏轼不知不觉中就做到了，中华大地接纳了苏轼，滋养了苏轼，苏轼从自然中汲取了豪情养分，词出豪放，纵横天地间，冥想时光里，开拓了文学新境界。倘若失意的苏轼留在京城，不可能有豪情在胸的快意，可能就会像曹雪芹那样，仍能够写出不朽名著，但不可能有豪情在其中。事实上，曹雪芹正是通过《红楼梦》大旨谈情，悲情多，豪情少。所以古代的流放从某种意义上解放了文人，不过文人自身不理解，唯有苏轼真正走出了古代文人的标志性人生轨迹。看人，看事，看景，倘若超越历史，超越时空，人生就有了未来的意义。历史评价一个人，无非三种：有的人活在过去，有的人活在现在，有的人活在未来。

中外寓言：掩耳盗铃　肚胀的狐狸

掩耳盗铃

　　掩耳盗铃原为掩耳盗钟。范氏灭亡了，有个人趁机偷了一口钟。想要背着它逃跑，但是，这口钟太大了，背不动。于是用槌子把钟砸碎，刚一砸，钟"锽锽"的响声很大。他生怕别人听到钟声，来把钟夺走了，就急忙把自己的耳朵紧紧捂住。他捂住自己的耳朵就以为别人也听不到声音了，这实在太荒谬了。

肚胀的狐狸

　　饥饿的狐狸四处寻食，它看见树上的洞穴里有牧人遗留的面包和肉，就立即钻进去吃。
　　它肚子吃得胀鼓鼓的，结果费了九牛二虎之力，却怎么也钻不出来，便在树洞里唉声叹气。另一只狐狸恰巧经过那里，听到呻吟声，便过去问原因。

当听明白缘由后，便对树洞里的狐狸说道："你就老老实实待在里边吧，等你恢复到钻进去的样子时，就很容易出来了。"

以史为鉴：游侠列传

太史公曰：吾视郭解，状貌不及中人，言语不足采者。然天下无贤与不肖，知与不知，皆慕其声，言侠者皆引以为名。谚曰："人貌荣名，岂有既乎！"於戏，惜哉！

韩子曰："儒以文乱法，而侠以武犯禁。"二者皆讥，而学士多称于世云。至如以术取宰、相、卿、大夫，辅翼其世主，功名俱著于《春秋》，固无可言者。读书怀独行君子之德，义不苟合当世，当世亦笑之。今游侠，其行虽不轨于正义，然其言必信，其行必果，已诺必诚，不爱其躯，赴士之厄困。既已存亡死生矣，而不矜其能，羞伐其德，盖亦有足多者焉。

韩非子认为儒与侠皆有过失，但对于游侠肯定的是其为救善良于水火而不惧繁难，不惜生命，不顾法律约束的仁义之举。

郭解是轵县人，字翁伯。他是善于给人相面的许负的外孙子。郭解的父亲因为行侠，在汉文帝时被杀。郭解个子矮小，精明强悍，不喝酒。他小时候残忍狠毒，心中愤慨不快时，亲手杀的人很多。他不惜牺牲生命去替朋友报仇，藏匿亡命徒去犯法抢劫，停下来就私铸钱币，盗挖坟墓，他的不法活动数也数不清。但却能遇到上天保佑，在窘迫危急时常常脱身，或者遇到大赦。等到郭解年龄大了，就改变行为，检点自己，用恩惠报答怨恨自己的人，多多地施舍别人，而且对别人怨恨很少。但他自己喜欢行侠的思想越来越强烈。已经救了别人的生命，却不自夸功劳，但其内心仍然残忍狠毒，为小事突然怨怒行凶的事依然如故。当时的少年仰慕他的行为，也常常为他报仇，却不让他知道。郭解姐姐的儿子依仗郭解的势力，同别人喝酒，让人家干杯。人家的酒量小，不能再喝了，他却强行灌酒。那人发怒，拔刀刺死了郭解姐姐的儿子，就逃跑了。郭解姐姐发怒说道："以弟弟翁伯的义气，人家杀了我的儿子，凶手却捉不到。"于是她把儿子的尸体丢弃在道上，不埋葬，想以此羞辱郭解。郭解派人暗中探知凶手的去处。凶手窘迫，自动回来把真实情况告诉了郭解。郭解说："你本来应该杀死他，是我姐姐的孩子无理。"于是放走了那个凶手，把罪责归于姐姐的儿子，并收尸埋葬了姐姐的儿子。人们听到这消息，都称赞郭解的道义行为，更加依附于他。

郭解每次外出或归来，人们都躲避他，只有一个人傲慢地坐在地上看着他，郭解派人去问那人的姓名。门客中有人要杀那个人，郭解说："居住在乡里之中，竟至于不被人尊敬，这是我自己道德修养得还不够，他有什么罪过。"于是郭解就暗中嘱托尉史说："这个人是我最关心的，轮到他服役时，请加以免除。"以后每到服役时，县中官吏都没找这位对郭解无礼的人。那人感到奇怪，问其中的原因，得知是郭解使人免除了他的差役。于是，他就袒露身体，去找郭解谢罪。少年们听到这个消息，越发仰慕郭解的行为。

洛阳人有相互结仇的，城中有数以十计的贤人豪杰从中调解，两方面始终不听劝解。门客们就来拜见郭解，说明情况。郭解晚上去会见结仇的人家，仇家出于对郭解的尊重，听从了劝告，准备和好。郭解就对仇家说："我听说洛阳诸公为你们调解，你们多半不肯接受。如今你们幸而听从了我的劝告，郭解怎能从别的县跑来侵夺人家城中贤豪大夫们的调解权呢？"于是郭解当夜离去，不让人知道，说："暂时不要听我的调解，待我离开后，让洛阳豪杰从中调解，你们就听他们的吧。"

郭解保持着恭敬待人的态度，不敢乘车走进县衙门。他到旁的郡去替人办事，事能办成的，一定把它办成，办不成的，也要使有关方面都满意，然后才敢去吃人家酒饭，因此大家都特别尊重他，争着为他效力。城中少年及附近县城的贤人豪杰，半夜上门拜访郭解的常常有十多辆车子，请求把郭解家的门客接回自家供养。

汉武帝元朔二年，朝廷要将各郡的豪富人家迁往茂陵居住，郭解家贫，不符合资财三百万的迁转标准，但迁移名单中有郭解的名字，因而官吏害怕，不敢不让郭解迁移。当时卫青将军替郭解向皇上请求说："郭解家贫，不符合迁移的标准。"但是皇上却说："一个百姓的权势竟能使将军替他说话，这就可见他家不穷。"郭解于是被迁徙到茂陵。人们为郭解送行共出钱一千万余。轵人杨季主的儿子当县掾，是他提名迁徙郭解的，郭解哥哥的儿子砍掉杨县掾的头，从此杨家与郭家结了仇。

郭解迁移到关中，关中的贤人豪杰无论以前是否知道郭解，如今听到他的名声，都争着与郭解结为好朋友。郭解个子矮，不喝酒，出门不乘马，后来又杀死了杨季主，杨季主的家人上书告状，有人又把告状的在宫门下给杀了。皇上听到这消息，就向官吏下令捕捉郭解。郭解逃跑，把母亲安置在夏阳，自己逃到临晋。临晋籍少公不认识郭解，郭解冒昧求见他，顺便请求他帮助出关。籍少公把郭解送出关后，郭解转移到太原，他所到之处，常常把自己的情况告诉留他食宿的人家。官吏追捕郭解，追踪到籍少公家里。籍少公无奈自杀，口供断绝了。过了很久，官府才捕到郭解，并深究他的犯法罪行，发现一些人被郭解所杀的事，都发生在赦令公布之前。一次，轵县有个儒生陪同前来查办郭解案件的使者闲坐，郭解门客称赞郭解，儒生认为郭解专爱做犯法的事，并非贤人。郭解门客十分气愤，杀了这个儒生，割下他的舌头。官吏以此责问郭解，令他交出凶手，而郭解确实不知道杀人者到底是谁，杀人者始终没查出来。官吏向皇上报告，说郭解无罪。御史大夫公孙弘说道："郭解以平民身份行侠，玩弄权诈之术，因为小事别人替他杀人，郭解自己虽然不知道，可这个罪过比他自己杀人还严重。应判处郭解大逆不道之罪。"于是就诛杀了郭解的家族。

从此以后，行侠的人特别多，但都傲慢无礼，没有什么值得称道的。没有了法律的约束，道义自在人心，罪与罚，有时很难分明，在人性的光辉照耀下，历史不知不觉又加快了脚步。

成长与学习编织生活，生活不过如此，遗憾过错，难忘经历，超越时光。

教育思考：过

人生历程，不"过"而已。恰似将人比喻成一棵"生命树"。

经历：修理人生；过错：修复人生；超越：修正人生。

世间疾病与痛苦，无不体现在身之累、心之痛。人际关系的协调，种种欲望的吸引，生命体征的演变，生活繁琐的种种羁绊，人生的海洋，个人的小船，我们总在摇曳中风雨前行。

换个角度看自己。

世界是多维的，打开世界的钥匙只有学习。学习使人认识了境界的维度，顺与逆，只在感受，尽在心中。

活到老，学到老。在顺与逆的挣扎中，人生完成了自我修复。坚强是学习的品质之一。

心中有个太阳，身外一个世界。以高处之己心观低处之己身，犹如用未来透视当下，以过来人的心态反思自己，逆境经历乃是人生难求。于是，让暴风雨来得更猛烈些吧！

岁月如歌：吻别

作词：何启弘　作曲：殷文琦　演唱：张学友　时间：1993年

前尘往事成云烟
消散在彼此眼前
就连说过了再见
也看不见你有些哀怨
给我的一切
你不过是在敷衍
你笑得越无邪
我就会爱你爱得更狂野

总在刹那间有一些了解
说过的话不可能会实现

只为情怀

就在一转眼发现你的脸
已经陌生不会再像从前
我的世界开始下雪
冷得让我无法多爱一天
冷得连隐藏的遗憾
都那么的明显

我和你吻别在无人的街
让风痴笑我不能拒绝
我和你吻别在狂乱的夜
我的心等着迎接伤悲

想要给你的思念
就像风筝断了线
飞不进你的世界
也温暖不了你的视线
我已经看见
一出悲剧正上演
剧终没有喜悦
我仍然躲在你的梦里面

总在刹那间有一些了解
说过的话不可能会实现

就在一转眼发现你的脸
已经陌生不会再像从前
我的世界开始下雪
冷得让我无法多爱一天
冷得连隐藏的遗憾
都那么的明显

我和你吻别在无人的街
让风痴笑我不能拒绝
我和你吻别在狂乱的夜
我的心等着迎接伤悲

我和你吻别在无人的街
让风痴笑我不能拒绝
我和你吻别在狂乱的夜
我的心等著迎接伤悲

八、世间的相对与绝对

|苦痛| = |幸福|

经济人生：货币

  货币是任何在支付商品和劳务或偿还债务时被普遍接受的东西。一种商品要作为货币必须具备相应的条件：价值容易衡量，必须可分离，必须耐用，必须被大多数人接受。货币在经济中有三种主要职能：交换媒介、价值尺度、价值储藏。

  市场经济中几乎所有的交换都依赖于货币，货币能降低交易成本，货币是交易的一般媒介。货币遍布各种市场。如果社会上没有货币促进交易进程，安排交易的成本就会大增，我们的财富就会减少，毕竟财富不仅仅是物质财富。一个以物换物的经济系统，人们必须花大量时间寻找交易对象，而作为货币可以随心所欲地购买自己所需要的产品。如果以物换物成本过大，人们就会努力尝试自给自足，自己生产自己需要的一切东西，专业化程度可想而知，人们就会变穷，生活质量得不到十足的改善。货币在交易过程中可以做微小的调节，也可以做较大的调节，以物换物则受限制得多，特别是有些物品只能以个数而论。货币使调节进入任意参数控制，时间、空间、数量等因素都随意掌控。

人们想要优化自己的生活，就要关注价格，从掌握的资源中尽可能地获取他们认为有价值的东西。货币价格帮助人们建立预算并清楚自己的选择，帮助生产者计算预期成本和预期收益。价格变化，对人们的行为也会产生影响，于是人们之间自然会产生分工与合作的问题。

管理自己：归因理论

归因理论认为，我们如何对人们进行不同的判断，取决于对给定的行为归因于何种解释。该理论表明，观察个体行为时，我们试图判定该行为是由内在原因还是由外在原因引起的。内因行为被认为是在个体的控制之下的，外因行为是由外部原因产生的，也就是说，个体因环境因素而被迫采取某种行为。

归因理论认为，行为判定取决于三种因素：差异性、一致性、一贯性。差异性涉及个体在许多情况下表现出某种行为，则行为归因趋向于内因；差异性涉及个体在特定环境下表现出某种行为，则行为归因趋向于外因。一致性是指个体面对相似情境都有的相同反应，一致性程度高，行为归因趋向于外因；仅个别人表现该行为，则行为归因趋向于内因。观察个体行为在一定时期内的表现是否具有行为的一贯性，一贯性越高，行为归因趋向于内因。

归因理论显然不一定符合客观事实，需要管理者高度重视并核实原因，去伪存真。个体对他人的行为做判断往往倾向于低估外部因素而高估内部因素。个体对自己的成功归因倾向于内因，而失败归因倾向于外因。

管理者希望员工关心工作、热情工作、努力工作，并且对自己的工作感到满意，进而热爱自己的本职工作，这种态度称之为员工敬业度。员工的敬业度影响员工在工作中的精力投入与情感投入，从而决定员工的工作属性是创造性地工作还是充满激情地工作。

从全球范围来看，有助于促进员工敬业度的要素排名依次是：尊重、工作类型、工作与生活平衡、为顾客提供优质服务、基本收入、同事、福利、长期的职业发展潜力、学习和发展、灵活的工作、晋升机会、浮动收入与奖金。

三国演义：周瑜

改变历史的人物之一。表现点：

周瑜是杰出的青年统帅，文韬武略，智勇双全。赤壁当年，雄姿英发，羽扇纶巾，谈笑间，樯橹灰飞烟灭。赤壁之战，战争典范。

宦官之内忧，外戚之外患，黄巾起义，三大主因致使后汉进入诸侯割据局面。时势造英雄，周瑜跟随孙策，戎马征战，驰骋江东，建立江东基业，后来辅助孙权，奠定三足鼎立局面。可惜儿女情长，英雄气短，跌宕起伏的命运诉说无尽的情怀。

相对与绝对共存，苦痛与幸福结伴，人生苦短，经历而已。所谓经历，一在于长短，二在于过程。人们总在苦痛与幸福的感受中挣扎。

红楼追梦：惜春

虚花悟

将那三春看破，桃红柳绿待如何？把这韶华打灭，觅那清淡天和。说什么，天上夭桃盛，云中杏蕊多。到头来，谁把秋捱过？则看那，白杨村里人呜咽，青枫林下鬼吟哦。更兼着，连天衰草遮坟墓。这的是，昨贫今富人劳碌，春荣秋谢花折磨。似这般，生关死劫谁能躲？闻说道，西方宝树唤婆娑，上结着长生果。

贾惜春，中国古典小说《红楼梦》中的人物，金陵十二钗之一，她是贾家四姐妹中年纪最小的一位，宁国府中贾珍的胞妹。因她母亲早逝，她一直在荣国府贾母身边长大。由于没有父母怜爱，养成了孤僻冷漠的性格，心冷嘴冷。抄检大观园时，她咬定牙，撵走毫无过错的丫环入画，对别人的流泪哀伤无动于衷。四大家族的没落命运，她的姐姐元春、迎春、探春的悲剧结局，使她认识到人生纵有"桃红柳绿"也是好景不长。贵如元春，竟是关在那"见不得人的去处"，偶有一次"省亲",以泪洗面,强作欢颜而已,最终逃脱不了一死的命运;二姐迎春,一生懦弱,恰又嫁给了一得势便猖狂的中山狼,终于被虐待而早亡;三姐探春可称女中丈夫,可又是一番风雨路三千,远嫁他乡。三个姐姐的不幸而去,给惜春的打击非常大。三个本家姐姐的不幸结局,使她产生了弃世的念头,最终不顾家人的反对出家为尼。正是:"勘破三春景不长,缁衣顿改昔年妆。可怜绣户侯门女,独卧青灯古佛旁。"

惜春居所——藕香榭。

三十六计：混战计·幂函数诉说天之真

第二十二计　关门捉贼【原典】小敌困之。剥，不利有攸往。

第二十三计　远交近攻【原典】形禁势格，利从近取，害以远隔。上火下泽。

第二十四计　假道伐虢【原典】两大之间，敌胁以从，我假以势。困，有言不信。

● 一般地，$y=x^a$叫作幂函数，其中x是自变量，a是常数。讨论$a=1, 2, 3, 0.5, -1$时的情形。

● 幂函数态势平稳，类型丰富。人类文明的历史也是追寻真理的历程，幂函数丰富了变化类型。人生不同的际遇，每个人总也能找到探索的轨迹。

"关门捉贼"，幂函数研究立足第一象限分析。

"远交近攻"，幂函数在第二、三象限的情形对称可得性质同理分析。

"假道伐虢"，幂函数分类研究，有迹可寻。

东坡轨迹:杭州

北宋元祐四年(1089年),苏轼任龙图阁学士,出任杭州知府。旧地重临,杭州百姓沿路焚香鸣炮欢迎他们所爱戴的父母官。为了不负众望,苏东坡此次来杭州,为报太后恩宠,立意要为杭州的百姓做下几桩有益之事。当时,恰逢江浙大旱,杭州一带饥荒与瘟疫并作,于是,苏东坡上书朝廷请求减免贡米;同时广开粮仓、设点施粥,大济灾民;开设医院,调遣了大批民间良医,免费为灾民诊治疫病;修建水库,解决供水问题。他派人淘挖深井、引水灌溉,帮助人们度过了大灾之年。苏轼积极治理杭州运河,梳理河道,在解决了环境问题的同时,节省了大量的人力、物力、财力。在任期间,他十分重视整修西湖,取湖中所积水草、淤泥堆筑成堤,以沟通南北;广种菱角、荷藕于湖中,使恶草不能再生;沿堤遍植芙蓉、杨柳,春秋佳日,花开如锦,绿绦拂堤,人行其上,犹如置身于画中。这一系列的治理措施,不但便利了交通,美化了湖景,更重要的是可以防止湖水的淤

塞,保护杭州城不受江潮的侵虐,确实是为杭州人民做了一件大好事。后人为了纪念苏东坡的德惠,给这条长堤取名为"苏公堤",简称"苏堤"。苏堤在春天的清晨,烟柳笼纱,波光树影,鸟鸣莺啼,是著名的西湖十景之一——苏堤春晓。治理西湖之时,苏轼在湖水最深处建立三塔成就今天的西湖十景之一——三潭印月。

苏轼两次在杭州任职,一是任杭州通判,与杭州结缘,苏轼的才情为杭州人喜爱;二是任杭州太守,功绩卓著。两次任职时间相隔十八年。苏轼在杭州结识王朝云,苏轼在杭州留下了深深的足迹,同时也留下了人生最美好的爱情。杭州也可以说是苏轼的第二故乡,江南给了苏轼以灵感,苏轼给了江南以灵气。

中外寓言：自相矛盾　蚊子和狮子

自相矛盾

在战国时期，楚国有个卖矛和盾的人，他先夸耀自己的盾很坚硬，说："无论用什么东西都无法刺破它！"然后，他又夸耀自己的矛很锐利，说："无论什么东西都能将其刺破！"市场上的人质问他："如果用你的矛去刺你的盾，它们将会怎么样？"那个人无法回答，众人嘲笑他。无法被刺穿的盾牌和没有刺不破的长矛，是不可能共同存在的。

蚊子和狮子

有只蚊子飞到狮子那里，说："我不怕你，你也并不比我强多少。你的力量究竟有多大？是用爪子抓，还是用牙齿咬？仅这几招，女人同男人打架时也这么干。可我却比你要厉害得多。你若愿意,我们不妨来比试比试。"蚊子吹着喇叭,猛冲下去,专咬狮子鼻子周围没有毛的地方。狮子气得用爪子把自己的脸都抓破了,最后终于要求停战。蚊子战胜了狮子,吹着喇叭,奏着凯歌,在空中飞来飞去,不料却被蜘蛛网粘住了。蚊子将要被吃掉的时候,悲叹道:"我已战胜了最强大的狮子,却被这小小的蜘蛛所消灭。"

以史为鉴：越王勾践世家

太史公曰：禹之功大矣，渐九川，定九州，至于今诸夏艾安。及苗裔勾践，苦身焦思，终灭强吴，北观兵中国，以尊周室，号称霸王。勾践可不谓贤哉！盖有禹之遗烈焉。范蠡三迁皆有荣名，名垂后世。臣主若此，欲毋显得乎？

背景：春秋争霸。

人物：勾践。

优点：忍辱负重，卧薪尝胆。

缺点：可以与之共患难，不可以与之共享乐。

人生：春秋五霸之一。

事件：吴越之争。

越王勾践的祖先是夏禹的后裔，是夏朝少康帝的庶出之子。少康帝的儿子被封在会稽，恭敬地供奉继承着夏禹的祭祀。他们身上刺有花纹，剪短头发，除去草丛，修筑了城邑。二十多代后，传到了允常。允常在位的时候,与吴王阖闾产生怨恨,互相攻伐。允常去世后,儿子勾践即位,这就是越王。越王勾践元年(前496),吴王阖闾听说允常去世,就举兵讨伐越国。越王勾践派遣敢死的勇士对吴军应战,勇士们排成三行,冲入吴军阵地,大呼着自刎身亡。吴兵看得目瞪口呆,越军趁机袭击了吴军,在槜李大败吴军,射伤吴王阖闾。阖闾在弥留之际告诫儿子夫差说:"千万不能忘记越国。"三年(前496年),勾践听说吴王夫差日夜操练士兵,将报复越国一箭之仇,便打算先发制人,在吴未发兵前去攻打吴国。范蠡进谏说:"不行,我听说兵器是凶器,攻战是背德,争先攻打是最下等的。阴谋去做背德的事,喜爱使用凶器,亲身参与下等事,定会遭到天帝的反对,这样做绝对不利。"越王说:"我已经做出了决定。"于是举兵进军吴国。吴王听到消息后,动用全国精锐部队迎击越军,在夫椒大败越军。越王只聚拢起五千名残兵败将退守会稽,吴王乘胜追击包围了会稽。越王对范蠡说:"因为没听您的劝告才落到这个地步,现在该怎么办呢?"范蠡回答说:"能够完全保住功业的人,必定效法天道的盈而不溢;能够平定倾覆的人,一定懂得人道是崇尚谦卑的;能够节制事理的人,就会遵循地道而因地制宜。现在,您对吴王要谦卑有礼,派人给吴王送去优厚的礼物,如果他不答应,您就亲自前往侍奉他,把自身也抵押给吴国。"勾践说:"好吧!"于是派大夫文种去向吴求和,文种跪在地上边向前行边叩头说:"君王的亡国臣民勾践让我大胆地告诉您的办事人员,勾践请您允许他做您的奴仆,允许他的妻子做您的侍妾。"吴王将要答应文种,子胥对吴王说:"天帝把越国赏赐给吴国,不要答应他。"文种回越后,将情况告诉了勾践。勾践想杀死妻子儿女，焚烧宝器，亲赴疆场拼一死战。文种阻止勾践说："吴国的太宰嚭十分贪婪，我们可以用重财诱惑他，请您允许我暗中去吴通融他。"于是勾践便让文种给太宰嚭献上美女珠宝玉器。嚭欣然接受，于是就把大夫文种引见给吴王。文种叩头说："希望大王能赦免勾践的罪过，我们越国将把世传的宝器全部送给您。万一不能侥幸得到赦免，勾践将把妻子儿女全部杀死，烧毁宝器，率领他的五千名士兵与您决一死战，那么，您也会付出相当大的代价。"太宰嚭借机劝说吴王："越王已经服服帖帖地当了臣子，如果赦免了他，将对我国有利。"吴王又要答应文种，子胥又进谏说："今天不灭亡越国，必定后悔莫及。勾践是贤明的君主，大夫文种、范蠡都是贤能的大臣，如果勾践能够返回越国，必将作乱。"吴王不听子胥的谏言，终于赦免了越王，撤军回国。勾践被困在会稽时，曾喟然叹息说："我将在此了结一生吗？"文种说："商汤被囚禁在夏台，周文王被围困在羑里，晋国重耳逃到翟，齐国小白逃到莒，他们都称王称霸天下。由此观之，我们今日的处境何尝不可能成为福分呢？"吴王赦免了越王，勾践回国后，深刻反思，苦心经营，把苦胆挂到座位上，坐卧即能仰头尝尝苦胆，饮食也尝尝苦胆。还经常提醒自己说："你忘记会稽的耻辱了吗？"他亲身耕作，夫人亲手织布，吃饭从未有荤菜。从不穿有两层华丽的衣服，对贤人彬彬有礼，能委曲求全，招待宾客热情诚恳，能救济穷人、悼慰死者，与百姓共同劳作。越王想让范蠡管理国家政务，范蠡回答说："用兵打仗之事，文种不如我；镇定安抚国家，让百姓亲近归附，我不如文种。"于是越王把国家政务委托给大夫文种，让范蠡和大夫柘稽求和，到吴国当

人质。两年后吴国才让范蠡回国。勾践从会稽回国后七年,始终抚慰自己的士兵和百姓,伺机报仇。大夫逢同进谏说:"国家刚刚得到恢复,今天才殷实富裕,如果我们整顿军备,吴国一定惧怕,它惧怕,灾难必然降临我们。再说,凶猛的大鸟袭击目标时,一定先隐藏起来。现在,吴军压在齐、晋国境上,对楚、越有深仇大恨,虽天下名声显赫,实际危害周王室。吴缺乏道德而功劳不小,一定骄横狂妄。真为越国着想的话,那越国不如结交齐国,亲近楚国,归附晋国,厚待吴国。吴国虽志向高远,但对待战争很轻视,这样我国可以联络三国的势力,让三国攻打吴国,越国便趁吴国疲惫时可以攻克它了。"勾践说:"好。"过了两年,吴王将要讨伐齐国。子胥进谏说:"不行。我听说勾践吃饭从不炒两样荤菜,与百姓同甘共苦。此人不死,一定会成为我国的忧患。吴国有了越国,那是心腹之患;而齐国对吴国来说,只像一块疥癣。希望君王放弃攻齐,先伐越国。"吴王不听,就出兵攻打齐国,在艾陵大败齐军,俘虏了齐国的高、国氏回吴。吴王责备子胥,子胥说:"您不要太高兴!"吴王很生气,子胥想自杀,吴王听到后制止了他。越国大夫文种说:"我观察吴王当政太骄横了,请您允许我去试探一下,向他借粮,来揣度一下吴王对越国的态度。"文种向吴王请求借粮。吴王想借予,子胥建议不借,吴王还是借给越国了,越王暗中十分喜悦。子胥说:"君王不听我的劝谏,再过三年吴国将成为一片废墟!"太宰嚭听到这话后,多次与子胥争论对付越国的计策,并借机诽谤子胥说:"伍员表面忠厚,实际很残忍,他连自己的父兄都不顾惜,怎么能顾惜君王呢?君王上次想攻打齐国,伍员强劲进谏,后来您作战有功,他反而因此怨恨您。您不防备他,他一

定作乱。"嚭还和逢共同谋划,在君王面前再三诽谤子胥。君王开始也不听信谗言,于是就派子胥出使齐国,听说子胥把儿子委托给鲍氏,君王大怒,说:"伍员果真欺骗我!"子胥出使齐回国后,吴王就派人赐给子胥一把"属镂"剑让他自杀。子胥大笑道:"我辅佐你的父亲称霸,又拥立你为王,你当初想与我平分吴国,我没接受,事隔不久,今天你反而因谗言想杀害我。唉!你一个人绝对不能独自立国!"子胥告诉使者说:"一定取出我的眼睛挂在吴国都城东门上,以便我能亲眼看到越军进入都城。"于是吴王重用嚭执掌国政。过了三年,勾践召见范蠡说:"吴王已杀死了胥,现在吴国阿谀奉承的人很多,可以攻打吴了吗?"范蠡回答说:"不行。"到第二年春天,吴王到北部的黄池去会合诸侯,吴国的精锐部队全部跟随吴王赴会了,唯有老弱残兵和太子留守吴都。勾践又问范蠡是否可以进攻吴国。范蠡说:"可以了。"于是越王派出熟悉水战的士兵两千人、训练有素的士兵四万人、受过良好教育的地位较高的近卫军六千人、各类管理技术军官一千人,攻打吴国。吴军大败,越军还杀死了吴国的太子。吴国使者赶快向吴王告急,吴王正在黄池会合诸侯,怕天下人听到这种惨败消息,就保守了秘密。吴王已经在黄池与诸侯订立盟约,就派人带上厚礼请求与越国求和。越王估计自己也不能灭亡吴国,就与吴国讲和了。这以后四年,越国又攻打吴国。吴国军民疲惫不堪,精锐士兵都在与齐、晋交战中死亡。所以越国大败吴军,包围吴都三年,越国就又把吴王围困在姑苏山上。吴王派公孙雄脱去上衣露出胳膊跪着向前行,请求与越王讲和,说:"孤立无助的臣子夫差冒昧地表露自己的心愿,从前我曾在会稽得罪您,我不敢违背您的命令,如能够与您讲和，就撤军回国了。今天您抠玉足前来惩罚孤臣，我对您将唯命是听，但我私下的心意是希望像会稽山对您那样赦免我夫差的罪过吧！"勾践不忍心，想答应吴王。范蠡说："会稽的事，是上天把越国赐给吴国，吴国不要。今天是上天把吴国赐给越国了，越国难道可以违背天命吗？再说君王早上朝晚罢朝，不是因为吴国吗？谋划伐吴已二十二年了，一旦放弃，行吗？且上天赐予您却不要，那反而要受到惩罚。'用斧头砍伐木材做斧柄，斧柄的样子就在身边。'难道忘记会稽的苦难了吗？"勾践说："我想听从您的建议，但我不忍心他的使者。"范蠡于是鸣鼓进军，说："君王已经把政务委托给我了，吴国使者赶快离去，否则将要对不起你了。"吴国使者伤心地哭着走了。勾践怜悯吴王，就派人对吴王说："我安置您到甬东，统治一百家。"吴王推辞说："我已经老了，不能侍奉您了！"说完便自杀身亡，自尽时遮住自己的面孔说："我没脸面见子胥！"越王安葬了吴王，杀死了太宰嚭。勾践平定了吴国后，就出兵向北渡过黄河，在徐州与齐、晋诸侯会合，向周王室进献贡品。周元王派人赏赐祭祀肉给勾践，称他为"伯"。勾践离开徐州，渡过淮河南下，把淮河流域送给楚国，把吴国侵占宋国的土地归还给宋国，把泗水以东方圆百里的土地给了鲁国。当时，越军在长江、淮河以东畅行无阻，诸侯们都来庆贺，越王号称霸王。范蠡于是离开了越王，从齐国给大夫文种发来一封信，信中说："飞鸟尽，良弓藏；狡兔死，走狗烹。越王是长颈鸟嘴，只可以与之共患难，不可以与之共享乐，你为何不离去？"文种看过信后，声称有病不再上朝。有人中伤文种将要作乱，越王就赏赐给文种一把剑，文种自杀身亡。

范蠡侍奉越王勾践，辛苦惨淡、勤奋不懈，与勾践运筹谋划二十多年，终于灭亡了吴国，洗雪了会稽的耻辱。越军向北进军淮河，兵临齐、晋边境，号令中原各国，尊崇周室，勾践称霸，范蠡做了上将军。回国后，范蠡以为盛名之下，难以长久。况且勾践的为人，可与之同患难，难与之同安乐，写信辞别勾践说："我听说，君王忧愁臣子就劳苦，君主受辱臣子就该死。过去您在会稽受辱，我之所以未死，是因为想报仇雪恨。当今既已雪耻，臣请求您给予我君主在会稽受辱的死罪。"勾践说："我将和你平分越国，否则，就要加罪于你。"范蠡说："君主可执行您的命令，臣子仍依从自己的意趣。"于是他打点包装了细软珠宝，与随从从海上乘船离去，始终未再返回越国。勾践为表彰范蠡把会稽山作为他的封邑。范蠡乘船漂泊到了齐国，更名改姓，自称鸱夷子皮，在海边耕作，吃苦耐劳，努力生产，父子合力治理产业。住了不久，积累财产达几十万。齐人听说他贤能，让他做了国相。范蠡叹息道："住在家里就积累千金财产，做官就达到卿相高位，这是平民百姓能达到的最高地位了。长久享受尊贵的名号，不吉祥。"于是归还了相印，处置了自己的家产，送给知音好友、同乡邻里，携带着贵重财宝，秘密离去，到陶地住下来。他认为这里是天下的中心，交易的道路通畅，经营生意可以发家致富，于是自称陶朱公。又约定好父子都要耕种畜牧，买进卖出时都等待时机，以获得十分之一的利润。过了不久，家资又积累到万万。范蠡曾经三次搬家，驰名天下，他不是随意离开某处，他住在哪儿就在哪儿成名。最后老死在陶地，所以世人相传叫他陶朱公。

世间最痛苦的经历可能就是未来最幸福的收获，相互感受印

证的体验成就人心最大的满足，抛开苦痛与幸福的束缚，遵循自己的内心，过自己向往的生活。司马迁在《货殖列传》与《越王勾践世家》中两提范蠡，范蠡可谓贤能之人。做官，能深谋远虑、运筹帷幄，终使国富民强；理家，能辛苦劳作、惨淡经营终使家产累积数十万，被人们称颂。像范蠡这样能上能下，先官后民，在中国历史上可谓屈指可数。莫非范蠡就是司马迁心中的相对与绝对？

教育思考：相对论

　　教育离不开现实，行走在教育关系之中。教育关系也就是教育的二分法、中庸之道、辩证法，表现在教与学、身与心、知与行、质与量、教师与学生、教学与教育、理性与感性、科学与人文等诸多方面。

　　教育的本质是发生、发现。首先传承，其次寻找一个支点，然后是生命的投入。教育是后天思想的遗传之因，人生后半程的果实完全取决于前半生的根。我们每天都面对三个世界：网络世界、现实世界、心灵世界，教育所做的工作就是对三个世界的环境治理。

　　教育永远绕不开时空，在相对论的指导下构建教育哲学。21世纪教育是科学与哲学的相遇。

　　子在川上曰：逝者如斯夫，不舍昼夜。孔子思考教育人生，看水而有感。今天的教育，也可以用水来衡量教育的真伪与虚实。首先是寻本探源，发现源头，这是学问之根本，"问渠哪得清如许，为有源

头活水来"，发现源头活水，方能以清澈之水洗涤身心，净化思想，获得智慧。然后是上善若水，源头之水，顺势而下，无为而无不为。遵循规律，科学治理，找到合理的路径与方法。最后是海纳百川，水流千折归大海，每个教育者以海纳百川的胸怀和博大精深的智慧遨游知识海洋，教育的天空一片蔚蓝。

岁月如歌：为爱痴狂

作词：陈升　　作曲：陈升　　演唱：刘若英　　时间：1995年

我从春天走来
你在秋天说要分开
说好不为你忧伤
但心情怎会无恙

为何总是这样
在我心中深藏着你
想要问你想不想
陪我到地老天荒

如果爱情这样忧伤

为何不让我分享
日夜都问你也不回答
怎么你会变这样

想要问问你敢不敢
像你说过那样的爱我
想要问问你敢不敢
像我这样为爱痴狂

想要问问你敢不敢
像你说过那样的爱我
像我这样为爱痴狂
到底你会怎么想

为何总是这样
在我心中深藏着你
说好不为你忧伤
但心情怎会无恙

如果爱情这样忧伤
为何不让我分享
日夜都问你也不回答
怎么你会变这样

想要问问你敢不敢
像你说过那样的爱我
想要问问你敢不敢
像我这样为爱痴狂

想要问问你敢不敢
像你说过那样的爱我
像我这样为爱痴狂
到底你会怎么想

想要问问你敢不敢
像你说过那样的爱我
像我这样为爱痴狂
到底你会怎么想

九、人生留痕

深刻性

经济人生：市场

市场是供买者和卖者相互交易的场所。不同市场可用地理位置、提供的商品和规模大小来区分。价格包含了大量对买者和卖者有用的信息。在买者的购买过程中，表明了买者在特定的价格条件下用货币交换特定商品的意愿，这些信号帮助厂家决定生产什么及生产多少。市场价格也被称作价格体系。

市场是资源配置的有效机制。市场机制中的价格和利润提供了激励的信号。有效的市场必须有结构良好的制度。有效的市场要满足五个体制上的条件：一是可得到大量的信息，二是产权得到保护，三是强制执行合同义务，四是不存在外部成本和外部收益，五是竞争市场占优势。市场有配置功能，给定有限的资源，每个人都必须决定哪些商品对我们来说是最重要的，因为我们没有无限的数量。每个人依据个人的偏好以及有限的收入来进行选择。

管理自己：创造力

创造力是以一种独特的方式或者用不寻常的联系方式去融合想法的能力。一个富有创造的人会提出新颖的方法去完成工作或者用独特的方案去解决问题。

培养创造力可以从多个角度去尝试：相信自己才有可能，善于捕捉你的直觉、潜意识、思想火花，尝试新事物，挑战不可能，改变旧习惯，备选多种方案，问策于他人，行动最重要，持续学习深入思考，优化流程，迁移思维。

有人认为创造力是天生的；有人认为通过培训，任何人都可以具有创造力。创造力后天说认为，创造力包括感知、孵化、灵感、创新四个过程。

感知是人们观察事物的一种方式。具有创造力意味着从一个奇特的角度去观察事物。有人能够发现问题解决之法，有人未必能发现问题解决之法，感知并非人人得以发现并成就现实。

思想要经历一个孵化的过程,思想不受时空限制。当思想召唤我们之时,我们必须跟进行动,收集信息,整理存储,拓展思路,独辟新径。

灵感发生在付出所有努力之后并成功汇集在一起的那一刻,灵感往往伴随兴奋,此时需要抓住灵感,及时落实行动,否则,只能是昙花一现而已。灵感是事物量变之后的质变。善于捕捉灵感,越抓越有;否则,一去不复返。

创新是创造力的实现,吸收灵感并将其转化为有用的产品、服务或某种做事的方式。

创新是管理的生命,创新是组织结构、文化和人力资源的变量函数。管理者可以根据组织需要,从组织环境出发建立函数模型,开发自己的创新体系。

三国演义：鲁肃

改变历史的人物之一。表现点：

鲁肃是东吴的政治家，力主抵抗曹操，是孙刘联合的坚决支持者。

鲁肃战略高度远非常人能比，政治上远见卓识。面对孙权的问询，鲁肃提出了江东的发展大计，堪比诸葛亮的隆中对。

孙权问："今汉室倾危，四方云扰，孤承父兄余业，思有恒、文之功。君既惠顾，何以佐之？"鲁肃对曰："昔高帝区区欲尊事义帝而不获者，以项羽为害也。今之曹操，犹昔项羽，将军何由得为恒、文乎？肃窃料之，汉室不可复兴，曹操不可卒除。为将军计，惟有鼎足江东，以观天下之衅。规模如此，亦自无嫌。何者？北方诚多务也。因其多务，剿除黄祖，进伐刘表，竟长江所极，据而有之，然后建号帝王以图天下，此高帝之业也。"

鲁肃之见，内外兼虑，可谓深刻！

红楼追梦：王熙凤

聪明累

机关算尽太聪明，反算了卿卿性命。生前心已碎，死后性空灵。家富人宁，终有个家亡人散各奔腾。枉费了，意悬悬半世心；好一似，荡悠悠三更梦。忽喇喇似大厦倾，昏惨惨似灯将尽。呀！一场欢喜忽悲辛。叹人世，终难定！

王熙凤，中国古典小说《红楼梦》中的人物，金陵十二钗之一，贾琏的妻子，王夫人的侄女，贾府通称凤姐、琏二奶奶。她长着一双丹凤三角眼、两弯柳叶吊梢眉，身材苗条，体态风骚，粉面含春威不露，丹唇未启笑先闻，未见其人，先闻其声。王熙凤外貌美丽、华贵、俊俏，伶牙俐齿、机敏善变，善于察言观色、机变逢迎、见风使舵。她在贾府的地位很高，精明能干，深得贾母和王夫人的信任，是贾府的实际施政者，负责管理荣府上百口人的生活，可谓八面玲珑。凭借其口才与威势谄上欺下，攫取权力与窃积财富。她心狠手辣、笑里藏

刀，极尽权术机变，残忍阴毒之能事。虽然贾瑞这种纨绔子弟死有余辜，但"毒设相思局"也可见其报复的残酷。"弄权铁槛寺"，为了三千两银子的贿赂，逼得张家的女儿和某守备之子双双自尽。尤二姐以及她腹中的胎儿也被王熙凤以最狡诈、最狠毒的方法害死。她公然宣称："我从来不信什么阴司地狱报应的，凭什么事，我说行就行！"她极度贪婪，除了索取贿赂外，还靠着迟发公费月例放债，光这一项就翻出几百两甚至上千两的银子，可见私欲了得。在抄家前，由于她以前所做的种种坏事被揭发出来，贾琏一怒之下将她休弃。被休掉后返回金陵娘家时，她当年弄权铁槛寺后连害两条人命的事被人告到都察院，而被获罪入狱，不久就含辱吊死在监狱中。最终却落得个"机关算尽太聪明，反误了卿卿性命"的下场。

三十六计：并战计·指数函数诉说人之善

第二十五计　偷梁换柱【原典】频更其阵，抽其劲旅，待其自败，而后乘之，曳其轮也。

第二十六计　指桑骂槐【原典】大凌小者，警以诱之。刚中而应，行险而顺。

第二十七计　假痴不癫【原典】宁伪作不知不为，不伪作假知妄为。静不露机，云雷屯也。

● 一般地，$y=a^x$叫作指数函数，其中x是自变量，a是大于0且不等于1的常量。

● 书写人字，为人生注入内涵。定点$(0, 1)$表明万物齐一，渐近线表示地平线。人，要脚踏实地仰望星空。

● 函数图像先慢后快，不进则退。

"偷梁换柱"，发现指数函数的变化规律。

"指桑骂槐",系统分析指数函数的两种类型。

"假痴不癫",借助指数函数解决相关问题。

东坡轨迹：黄州

"乌台诗案"出狱以后，苏轼被贬黄州，降职为黄州（今湖北黄冈市）团练副使，职位相当低微，并无实权。此次被贬，苏轼心中有无尽的忧愁无从述说，于是四处游山玩水以放松心情。多次来到黄州城外的赤壁山，此处壮丽的风景令苏轼感触良多，追忆当年三国时期周瑜无限风光的同时也感叹时光易逝，写下了《赤壁赋》《后赤壁赋》和《念奴娇·赤壁怀古》等千古名作，以此来寄托他谪居时的思想感情。

《念奴娇·赤壁怀古》是宋神宗元丰五年（1082年）苏轼谪居黄州时所写的词作，是豪放词的代表作之一。此词通过对月夜江上壮美景色的描绘，借对古代战场的凭吊和对风流人物才略、气度、功业的追念，曲折地表达了作者怀才不遇、功业未就、老大未成的忧愤之情，同时表现了作者关注历史和人生的旷达之心。全词借古抒怀，雄浑苍凉，大气磅礴，笔力遒劲，境界宏阔，将写景、咏史、抒情融为一体，给人以撼魂荡魄的艺术力量，曾被誉为"古今绝唱"。

念奴娇·赤壁怀古

大江东去，浪淘尽，千古风流人物。故垒西边，人道是：三国周郎赤壁。乱石穿空，惊涛拍岸，卷起千堆雪。江山如画，一时多少豪杰。

遥想公瑾当年，小乔初嫁了，雄姿英发。羽扇纶巾，谈笑间，樯橹灰飞烟灭。故国神游，多情应笑我，早生华发。人间如梦，一樽还酹江月。

在黄州期间，苏轼成了一个真正的农民，自比陶渊明。苏轼亲自开垦城东的一块约十亩的坡地，种田帮补生计，自称"东坡居士"。苏轼所居，清静悠然，雪堂建在一个荒废的园圃上，因房子落成时天下大雪而得名。雪堂台阶之下有一平桥，雪堂之侧植有柳树，周围有水井、有稻田、有麦田、有桑林菜圃、有果树、有茶树，还有竹林，乡村景色，自然风光，丰衣足食。想当年，年轻的书画家米芾仰慕东坡之才，特意登门拜访，从此二人成为挚友，共同开创了中国画的先河。

中外寓言：黔驴技穷　　老鼠开会

黔驴技穷

　　黔地这个地方本来没有驴，有一个喜欢多事的人用船运来一头驴。运到后却没有什么用处，就把它放置在山脚下。老虎看到它是个庞然大物，把它作为神来对待，躲藏在树林里偷偷看它。老虎渐渐小心地出来接近它，不知道它是什么东西。有一天，驴叫了一声，老虎十分害怕，远远地逃走，认为驴要咬自己，非常害怕。但是老虎来来回回地观察它，觉得它并没有什么特殊的本领。老虎渐渐地熟悉了驴的叫声，又前前后后地靠近它，但始终不与它搏斗。老虎渐渐地靠近驴子，态度更加亲切而不庄重，碰它撞它。驴非常生气，用蹄子踢老虎。老虎于是很高兴，盘算这件事说："驴的技艺仅仅是这样罢了！"于是跳起来大吼了一声，咬断了驴的喉咙，吃光了它的肉，才离开。唉！外形庞大好像有威力，声音洪亮好像有能耐，老虎当初如果说看不出驴的本领,老虎即使凶猛,但多疑、畏惧,终究不敢猎取驴子。如今像驴子这样的下场,可悲啊!

老鼠开会

很久很久以前,老鼠们因深受猫的侵袭,感到十分苦恼。于是,它们在一起开会,商量用什么办法对付猫的骚扰,以求平安。会上,各有各的主张,但都被否决了。最后一只小老鼠站起来提议,它说在猫的脖子上挂个铃铛,只要听到铃铛一响,我们就知道猫来了,便可以马上逃跑。

大家对小老鼠的建议报以热烈的掌声,并一致通过。有一只年老的老鼠坐在一旁,始终一声不吭。这时,它站起来说:"小老鼠想出的这个办法是非常绝妙的,也是十分稳妥的,但还有一个小问题需要解决,那就是派谁去把铃铛挂在猫的脖子上呢?"

以史为鉴：商君列传

太史公曰：商君，其天资刻薄人也。迹其欲干孝公以帝王术，挟持浮说，非其质矣。且所因由嬖臣，及得用，刑公子虔，欺魏将卬，不师赵良之言，亦足发明商君之少恩矣。余尝读商君《开塞》《耕战》书，与其人行事相类。卒受恶名于秦，有以也夫！

背景：秦孝公发愤图强。

人物：商鞅。

优点：舍身求法。

缺点：法不容情。

人生：国强己亡。

事件：商鞅变法。

商君，是卫国国君姬妾生的公子，名鞅，姓公孙，他的祖先本来姓姬。公孙鞅年轻时就喜欢刑名法术之学，侍奉魏国国相公叔座做了中庶子。公叔座知道他贤能，还没来得及向魏王推荐。正赶上公叔座得了病，魏惠王亲自去看望他，说："你的病倘有不测，国家将怎么办呢？"公叔座回答说："我的中庶子公孙鞅，虽然年轻，却有奇才，希望大王能把国政全部交给他，由他去治理。"魏惠王听后默默无言。当魏惠王将要离开时，公叔座屏退左右随侍人员，说："大王假如不任用公孙鞅，就一定要杀掉他，不要让他走出国境。"魏惠王答应了他的要求就离去了。公叔座召见公孙鞅，道歉说："刚才大王询问能够出任国相的人，我推荐了你。看大王的神情不会同意我的建议。我当先忠于君后考虑臣的立场，因而劝大王假如不任用公孙鞅，就该杀掉你，大王答应了我的请求。你赶快离开吧，不快走马上就会被擒。"公孙鞅说："大王既然不能听您的话任用我，又怎么能听您的话来杀我呢？"公孙鞅最终没有离开魏国。惠王离开后，对随侍人员说："公叔座的病很严重，真叫人伤心啊，他想要我把国政全部交给公孙鞅掌管，难道不是糊涂了吗？"

　　公叔座死后不久，公孙鞅听说秦孝公下令在全国寻访有才能的人，要重整秦穆公时代的霸业，向东收复失地，他就西去秦国，依靠孝公的宠臣姓景的太监求见孝公。孝公召见卫鞅，让他讲了很长时间的国家大事，孝公一边听一边打瞌睡，一点儿也听不进去。事后孝公迁怒景监说："你的客人是大言欺人的家伙，这种人怎么能任用呢？"景监又用孝公的话责备卫鞅。卫鞅说："我用尧、舜治国的方法劝说大王，他的心志不能领会。"过了几天，景监又请求孝公召见卫鞅。卫鞅再见孝公时，把治国之道说得淋漓尽致，可是还合不上孝公的心意。事后孝公又责备景监，景监也责备卫鞅。卫鞅说："我

用禹、汤、文、武的治国方法劝说大王而他听不进去。请求他再召见我一次。"卫鞅又一次见到孝公,孝公对他很友好,可是没任用他。会见退出后,孝公对景监说:"你的客人不错,我可以和他谈谈了。"景监告诉卫鞅,卫鞅说:"我用春秋五霸的治国方法去说服大王,看来他是准备采纳了。果真再召见我一次,我就知道该说些什么了。"于是卫鞅又见到了孝公,孝公跟他谈得非常投机,不知不觉在垫席上向前移动膝盖,谈了好几天都不觉得厌倦。景监说:"您凭什么能合上大王的心意呢?我们国君高兴极了。"卫鞅回答说:"我劝大王采用帝王治国的办法,建立夏、商、周那样的盛世,可是大王说:'时间太长了,我不能等,何况贤明的国君,谁不希望自己在位的时候名扬天下,怎么能叫我闷闷不乐地等上几十年、几百年才成就帝王大业呢?'所以,我又用富国强兵的办法劝说他,他才特别高兴。然而,这样也就不能与殷、周的德行相媲美了。"

　　孝公任用卫鞅后不久,打算变更法度,又恐怕天下人议论自己。卫鞅说:"行动犹豫不决,就不会搞出名堂,办事犹豫不决就不会成功。况且超出常人的行为,本来就常被世俗非议。有独到见解的人,一定会被一般人嘲笑。愚蠢的人事成之后都弄不明白,聪明的人事先就能预见将要发生的事情。不能和百姓谋划新事物的创始而可以和他们共享成功的欢乐。探讨最高道德的人不与世俗合流,成就大业的人不与一般人共谋。因此,圣人只要能够使国家强盛,就不必沿用旧的成法,只要利于百姓,就不必遵循旧的礼制。"孝公说:"讲得好。"甘龙说:"不是这样。圣人不改变民俗而施以教化,聪明的人不改变成法而治理国家。顺应民风民俗而施教化,不费力就能成

功。沿袭成法而治理国家，官吏习惯而百姓安定。"卫鞅说："甘龙所说的是世俗的说法啊。一般人安于旧有的习俗，而读书人拘泥于书本上的见闻。这两种人奉公守法还可以，但不能和他们谈论成法以外的改革。三代礼制不同而都能统一天下，五伯法制不一而都能各霸一方。聪明的人制定法度，愚蠢的人被法度制约；贤能的人变更礼制，寻常的人被礼制约束。"杜挚说："没有百倍的利益，就不能改变成法；没有十倍的功效，就不能更换旧器。仿效成法没有过失，遵循旧礼不会出偏差。"卫鞅说："治理国家没有一成不变的办法，有利于国家就不仿效旧法度。所以汤武不沿袭旧法度而能王天下，夏殷不更换旧礼制而灭亡。反对旧法的人不能非难，而沿袭旧礼的人不值得赞扬。"孝公说："讲得好。"于是任命卫鞅为左庶长，终于制定了变更成法的命令。秦国下令把十家编成一什，五家编成一伍，互相监视检举，一家犯法，十家连带治罪。不告发奸恶的处以拦腰斩断的刑罚，告发奸恶的与斩敌首级的同样受赏，隐藏奸恶的人与投降敌人受同样的惩罚。一家有两个以上的壮丁不分居的，赋税加倍。有军功的人，各按标准升爵受赏。为私事斗殴的，按情节轻重分别处以大小不同的刑罚。致力于农业生产，让粮食丰收、布帛增产的免除自身的劳役或赋税。因从事工商业及懒惰而贫穷的，把他们的妻子全都没收为官奴。王族里没有军功的，不能列入家族的名册。明确尊卑爵位等级，各按等级差别占有土地、房产；家臣奴婢的衣裳、服饰，按各家爵位等级决定。有军功的显赫荣耀，没有军功的即使很富有也不能显荣。新法准备就绪后，还没公布，商鞅恐怕百姓不相信，就在国都后边市场的南门竖起一根三丈长的木杆，招募百姓中能把木杆搬到北门的人赏给十金。百姓觉得这件事很奇怪,没人敢动。又宣布"能把木杆搬到北门的人赏五十金"。有一个人把它搬走了,当下就给了他五十金,借此表明令出必行,绝不欺骗。事后就颁布了新法。新法在民间施行了整一年,秦国老百姓到国都说新法不方便的人数以千计。正当这时,太子触犯了新法。卫鞅说:"新法不能顺利推行,是因为上层人触犯它。"将依新法处罚太子。太子,是国君的继承人,又不能施以刑罚,于是就处罚了监督他行为的老师公子虔,以墨刑处罚了给公子传授知识的老师公孙贾。第二天,秦国人就都遵照新法执行了。新法推行了十年,秦国百姓都非常高兴,路上没有人拾到别人丢的东西作为己有,山林里也没了盗贼,家家富裕充足。人民勇于为国家打仗,不敢为私利争斗,乡村、城镇秩序安定。当初说新法不方便的秦国百姓又有人说法令方便的,卫鞅说:"这都是扰乱教化的人。"于是把他们全部迁到边疆去。此后,百姓再没人敢议论新法了。

于是卫鞅被任命为大良造,率领军队围攻魏国安邑,使他们屈服投降。过了三年,秦国在咸阳建筑宫廷城阙,把国都从雍地迁到咸阳。下令禁止父子兄弟同居一室。把零星的乡镇村庄合并成县,设置了县令、县丞,总共合并划分为三十一个县。废除井田,重新划分田塍的界线,鼓励开垦荒地,而使赋税平衡。统一全国的度量衡制度。施行了四年,公子虔又犯了新法,被判处劓刑。过了五年,秦国富强,周天子把祭肉赐给秦孝公,各国诸侯都来祝贺。第二年,齐国军队在马陵打败魏军,俘虏了魏国的太子申,射杀将军庞涓。下一年,卫鞅劝孝公说:"秦和魏的关系,就像人得了心腹疾病,不是魏国兼并了秦国,就是秦国吞并了魏国。为什么要这样说呢?魏国地处山岭险要的西部,建都安邑,与秦国以黄河为界而独立据有崤山以东的地利。形势有利时可西进犯秦国,不利时就向东扩展领地。如今凭借大王圣明贤能,秦国才繁荣昌盛。而魏国往年被齐国打得大败,诸侯们都背叛了它,可以趁此良机攻打魏国。魏国抵挡不住秦国,必然要向东撤退。一向东撤退,秦国就占据了黄河和崤山险固的地势,再向东就可以控制各国诸侯,这可是统一天下的帝王伟业啊!"孝公认为说得对。就派卫鞅率领军队攻打魏国。魏国派公子卬领兵迎击。两军相拒对峙,卫鞅派人给魏将公子卬送来一封信,写道:"我当初与公子相处得很好,如今你我成了敌对两国的将领,不忍心相互攻杀,可以与公子当面相见,订立盟约,痛痛快快地喝几杯然后各自撤兵,让秦魏两国相安无事。"魏公子卬认为卫鞅说的对。会盟结束,喝酒,而卫鞅埋伏下的士兵突然袭击并俘虏了魏公子卬,趁机攻打他的军队,彻底打垮了魏军后,押着公子卬班师回国。魏惠王的军队多次被齐、秦击溃,国内空虚,一天比一天削弱,魏国就派使者割让河西地区奉献给秦国作为媾和的条件。魏国就离开安邑,迁都大梁。惠王后悔地说道:"我真后悔当初没采纳公叔座的意见啊。"卫鞅打败魏军回来以后,秦孝公把於、商十五个邑封给了他,封号商君。

商君出任秦相十年,很多皇亲国戚都怨恨他。赵良去见商君,商君说:"我能见到你,是由于孟兰皋的介绍,现在我们交个朋友,可以吗?"赵良回答说:"鄙人不敢奢望。孔子说过:'推荐贤能,受到人民拥戴的人才会前来;聚集不肖之徒,即使能使成王业的人也

会引退。'鄙人不才，所以不敢从命。鄙人听到过这样的说法：'不该占有的职位而占有它叫作贪位，不该享有的名声而享有它叫作贪名。'鄙人要是接受了您的情谊，恐怕那就是鄙人既贪位又贪名了。所以不敢从命。"商鞅说："您反对我对秦国的治理政策吗？"赵良说："能够听从别人的意见叫作聪，能够自我省察叫作明，能够自我克制叫作强。虞舜曾说过：'自我谦虚的人被人尊重。'您不如遵循虞舜的主张去做，无须问我了。"商鞅说："当初，秦国的习俗和戎狄一样，父子不分开，男女老少同居一室。如今我改变了秦国的习惯，使他们男女有别，分居而住，大造宫廷城阙，把秦国营建的像鲁国、魏国一样。您看我治理秦国，与五羖大夫比，谁更有才干？"赵良说："一千张羊皮比不上一领狐腋贵重，一千个随声附和的人比不上一个正义直言的人。武王允许大臣们直言谏诤，国家就昌盛；纣王的大臣不敢讲话，因而灭亡。您如果不反对武王的做法，那么，请允许鄙人整天直言而不受责备，可以吗？"商君说："俗话说，外表上动听的话好比是花朵，真实至诚的话如同果实，苦口相劝、听来逆耳的话是治病的良药，献媚奉承的话是疾病。您果真肯终日正义直言，那就是我治病的良药了。我将拜您为师，您为什么又拒绝和我交朋友呢？"赵良说："那五羖大夫，是楚国偏僻的乡下人。听说秦穆公贤明，就想去当面拜见，要去却没有路费，就把自己卖给秦国人，穿着粗布短衣给人家喂牛。整整过了一年，秦穆公知道了这件事，就把他从牛嘴下面提拔起来，凌驾于万人之上，秦国人没有谁不满意。他出任秦相六七年，向东讨伐过郑国，三次拥立晋国的国君，一次出兵救楚。在境内施行德化，巴国前来纳贡；施德政于诸侯，四方少数民族前来朝见。余听到这种情形，前来敲门投奔。五羖大夫出任秦相，劳累不坐车，酷暑炎热不打伞，走遍国中，不用随从的车辆，不带武装防卫，他的功名载入史册，藏于府库，他的德行施教于后代。五羖大夫死时，秦国不论男女都痛哭流涕，连小孩子也不唱歌谣，正在舂米的人也因悲哀而不发出相应的呼声，这就是五羖大夫的德行啊。如今您得以见秦王，靠的是秦王宠臣景监推荐介绍，这就说不上什么名声。身为秦国国相不为百姓造福而大规模地营建宫阙，这就说不上为国家建立功业了。惩治太子的师傅，用严刑酷法残害百姓，这是积累怨恨、聚积祸患啊。教化百姓比命令百姓更深入人心，百姓模仿上边的行为比命令百姓更为迅速。如今您却违情背理地建立权威变更法度，这不是对百姓施行教化啊。您又在商於封地南面称君，天天用新法来逼迫秦国的贵族子弟。《诗经》上说：'相鼠还懂得礼貌，人反而没有礼仪，人既然失去了礼仪，为什么不快快地死呢。'照这句诗看来，实在是不能恭维您了。公子虔闭门不出已经八年了，您又杀死祝欢而用墨刑惩处公孙贾。《诗经》上说：'得到人心的振兴，失掉人心的灭亡。'这几件事，都不是得人心的呀。您一出门，后边跟着数以十计的车辆，车上都是顶盔贯甲的卫士，用身强力壮的人做贴身警卫，用持矛操戟的人紧靠您的车子奔随。这些防卫缺少一样，您必定不敢出门。《尚书》上说：'凭靠施德的昌盛，凭靠武力的灭亡。'您的处境就好像早晨的露水，很快就会消亡，您还打算要延年益寿吗？那为什么不把商於十五邑封地交还秦国，到偏僻荒远的地方浇园自耕，劝秦王重用那些隐居山林的贤才，赡养老人，抚育孤儿，使父兄相互敬重，依功序爵，尊崇有德之士，这样才可以稍保平安。您还要贪图商於的富有,以独揽秦国的政教为荣宠,聚集百姓的怨恨,秦王一旦舍弃宾客而不能当朝,秦国所要拘捕您的人难道会少吗?您丧生的日子就像抬起足来那样会迅速地到来。"但商君没有听从赵良的劝告。

五个月之后,秦孝公去世,太子即位。公子虔一班人告发商君要造反,派人去逮捕商君。商君逃跑到边境关口,想住旅店。旅店的主人不知道他就是商君,说:"商君有令,住店的人没有证件店主要连带判罪。"商君长长地叹息说:"哎呀!制定新法的贻害竟然到了这样的地步!"离开秦国潜逃到魏国。魏国人怨恨他欺骗公子卬而打败魏军,拒绝收留他。商君打算到别的国家。魏国人说:"商君,是秦国的逃犯,秦国强大逃犯跑到魏国来,不送还不行。"于是把商君送回秦国。商君再回到秦国后,就潜逃到他的封地商邑,和他的部属发动邑中的士兵,向北攻击郑国谋求生路。秦国出兵攻打商君,把他杀死在郑国黾池。秦惠王把商君五马分尸示众,说:"不要像商鞅那样谋反!"于是就诛灭了商君全家。

商鞅变法是中国古代历史上成功变法的典型案例,所谓成功,指的是变法成就了强大的秦国,以至于后来的天下一统。但正因如此,中国历史掀开了封建社会的序幕,强大的中央集权制成为历代统治者的手中利刃,为了这一权力,华夏大地风云变幻。商鞅变法直面德治国家,冲突的关键在于时间问题以及对人性的思考。

教育思考：钉子精神

每个人对自我的审视往往将目光投向过去与未来。过去有太多的记忆与选择阐述个人的观点，因而因为个人经历与认知不同或多或少存在片面性。未来具有不确定性，个人的发展终究会有放慢脚步的时候，所以存储当下的努力，以期收获未来，相信未来会更好，当下的付出就有了意义与价值。人生只有三天：昨天、今天、明天。人们几乎很少关注现在，现在不是最终的希望，人性总也不满足，于是，我们总在希望中生活，总在寻找中生活，忽略了当下真实的存在，所谓遗憾与后悔总在未来出现。明白当下才是真实的存在，就要紧紧把握现在，将现在做到极致，特别是深刻性的行动决定生活的质量与厚度。

钉子精神主要体现在思维与思想、读书与行动、耕耘与收获的追寻之中。当我们遇到困惑之时，束手无策，一定要不断地提醒自己：致当下、致当下，犹豫是害人精。当我们犹豫不决之时，一定是

担心从前过多的耕耘得不到相应的回报，或者是担心未来的日子无法面对，想多了，问题也不能解决，所以，把握现在是唯一的判断。

岁月如歌：我心永恒

作词：威尔·杰宁斯　作曲：詹姆斯·霍纳

演唱：席琳·迪翁（Celine Dion）时间：1998年

每一个寂静夜晚的梦里 Every night in my dreams

我都能看见你，触摸你 I see you, I feel you,

因此而确信你仍然在守候 That is how I know you go on

穿越那久远的时空距离 Far across the distance

你轻轻地回到我的身边 And spaces between us

告诉我，你仍然痴心如昨 You have come to show you go on

无论远近抑或身处何方 Near, far, wherever you are

我从未怀疑过心的执著 I believe that the heart does go on

当你再一次推开那扇门 Once more you open the door

清晰地伫立在我的心中 And you're here in my heart

我心永恒，我心永恒 And my heart will go on and on

爱曾经在刹那间被点燃 Love can touch us one time

并且延续了一生的传说 And last for a lifetime

直到我们紧紧地融为一体 And never let go till we're one

爱曾经是我心中的浪花 Love was when I loved you

我握住了它涌起的瞬间 One true time I hold to

我的生命，从此不再孤单 In my life we'll always go on

无论远近抑或身处何方 Near, far, wherever you are

我从未怀疑过心的执著 I believe that the heart does go on

当你再一次推开那扇门 Once more you open the door

清晰地伫立在我的心中 And you're here in my heart

我心永恒，我心永恒 And my heart will go on and on

真正的爱情永远不会褪色 There is some love that will not go away

你在身边让我无所畏惧 You're here, there's nothing I fear,

我深知我的心不会退缩 And I know that my heart will go on

我们将永远地相依相守 We'll stay forever this way

这里会是你安全的港湾 You are safe in my heart

我心永恒，我心永恒 And my heart will go on and on

十、人生的风向标

选 择

经济人生：GDP

衡量一个国家的产出或收入的最常用方法就是GDP，即一个国家在一年内所生产最终产品和服务的市场总价值。

GDP有三种计算方法：一是家户、企业和政府采购的最终产品和服务的总值，加上出口超出进口的差额（支出法）；二是生产要素在生产中所得到的各种收入，包括以工资薪酬、利息、租金和利润等形式取得的收入（收入法）；三是在最终产品生产过程中所有做出贡献的生产者的价值增值的总额（生产法）。

通货膨胀是货币购买力的持续下降，或者说产品货币价格的持续上升；通货紧缩是货币购买力的持续上升，或者说产品货币价格的持续下降。通货收缩是通货膨胀的趋缓。以上三者造成市场价格信号严重歪曲，给做货币计量、预算和长期规划的人带来麻烦。

经济增长必然伴随实际GDP的持续增长。实际GDP连续两个季度下降或者经济增长率趋缓意味着经济衰退。GDP随时间波动，充满多种变数。GDP有很多局限,往往忽略很多对国家整体经济绩效有所贡献的活动。

管理自己：目标

计划是管理的首要职能，计划、组织、领导、控制贯穿管理全过程。良好的计划明确目标达成，减少成本浪费，应对环境变化，聚焦资源合力，提供有效服务。

战略管理是指管理者为制订组织战略所要开展的工作。战略是指一个组织所制订的系列计划，包括工作性质、成功策略、组织目标等。战略管理过程分六步进行：一是识别组织使命、目标和战略，二是分析外部环境，三是分析内部环境，四是制定战略，五是实施战略，六是评价结果。

成功的管理善于设立自己的目标并帮助他人确立目标。组织中的个人或团队缺乏目标，方向就会迷失，无法集中力量，不知道走向哪里，就只能随波逐流。知道目标，明确流程，事半功倍，水到渠成。个人或组织可以自我分析目标设立的态度，从几个方面分析：是否有年度目标，是否有五年规划，是否承担与目标一致的项目与活动，是否清楚自己的独特技能与天赋，是否有机会提高自己的工作相关技能，是否具有挑战和突破自己的勇气，是否具备坚持目标、锲而不舍的精神，是否具备及时优化调整目标的能力。

确立有效的目标应参考如下建议：

（一）确定核心理念、行动纲领、目标愿景。

（二）确定相关主题，深入调研，收集信息。

（三）分析数据，认识背景，广泛讨论。

（四）明确个人分工与主要任务。

（五）为每个任务确立可测量而且有挑战性的目标。

（六）为每个目标设立具体的截止期限。

（七）设立目标的重点、流程，认清目标的关键、主次。

（八）为优化目标而进行的相关保障服务。

（九）建立反馈机制，评估工作过程。

（十）报酬与目标挂钩。

目标与计划合成工作计划，计划是概括目标如何实现的书面表达，一般包括资源分配、预算、进度安排和其他目标的必要行动。制订计划就是规划未来，实施战略就是战术突围。

三国演义：荀攸

改变历史的人物之一。表现点：

荀攸，字公达，是曹操谋士荀彧的侄子。跟随曹操征战二十余年，德才兼备，虑事周密，屡建奇谋，算无遗策，曹操十分欣赏荀攸。

征讨张绣、战胜吕布、官渡之战大获全胜、平定冀州，荀攸屡建功绩。

曹操曾赞言："公达外愚内智，外怯内勇，外弱内强，不伐善，无施劳，智可及，愚不可及，虽颜子、宁武子不能过也。"又言："荀公达，人之师表也，汝当尽礼敬之。"

像荀攸这样的谋士，举不胜举。曹操知人善用，手下人才济济，这也是魏区别于蜀、吴的根本原因之一。在中国历史上，没有一个朝代像三国时期那样对人才如此器重与渴求。

人生的选择，最终是人的选择。面对人的选择，围绕人的选择，决定人的选择。

红楼追梦：巧姐

留馀庆

留馀庆，留馀庆，忽遇恩人；幸娘亲，幸娘亲，积得阴功。劝人生，济困扶穷，休似俺那爱银钱忘骨肉的狠舅奸兄！正是乘除加减，上有苍穹。

巧姐，中国古典小说《红楼梦》中的人物，金陵十二钗之一，贾琏与王熙凤的女儿。因生在七月初七，刘姥姥给她取名为"巧姐"。巧姐从小生活优裕，是豪门千金。但在贾府败落、王熙凤死后，王仁受贾蓉（狠舅奸兄）的指使把她卖给妓院。在紧急关头，幸亏刘姥姥等人帮忙，把她赎出来，后嫁给王板儿。

三十六计：并战计·对数函数诉说地之美

　　第二十八计　上屋抽梯【原典】假之以便，唆之使前，断其援应，陷之死地。遇毒，位不当也。

　　第二十九计　树上开花【原典】借局布势，力小势大。鸿渐于陆，其羽可用为仪也。

　　第三十计　反客为主【原典】乘隙插足，扼其主机，渐渐进也。

● 一般地，$y=\log_a x$（$a>0$，且$a\neq 1$）叫作对数函数，其中x是自变量。

先快后慢，上善若水。

已知a，b，求N——乘方运算；已知b，N，求a——开方运算；已知a，N，求b——对算运算。

● 三问$a^b=N$，一般地$a^x=N$（$a>0$，且$a\neq 1$），则$x=\log_a N$，x为以a为底N的对数。

● 底数、真数、对数定义及范围；

● Lgx lnx $\log_a^a$ $\log_a^1$ 的意义；

● 指数与对数互化及关系；

● 对数的运算法则；

● 换底公式，$a^{\log_a N}=N$，$\log_a b \cdot \log_b a=1$。

"上屋抽梯"，勿忘挖掘指数函数与对数函数的关系。

"树上开花"，类比指数函数、整理对数函数系统知识。

"反客为主"，直面对数函数相关问题。

东坡轨迹：惠州

　　苏轼在惠州居住时，积极帮助执政者改善民生，创办医院，兴修水利，修建桥梁，为当地百姓谋求福祉。由于当地百姓喜爱苏东坡，将苏东坡视为当地人，苏东坡也乐此不疲，与当地人融为一体，生活自然不寂寞，在此期间苏轼学会了酿酒。惠州是苏轼与朝云爱情的见证地。此时，苏轼的妻子闰之已经去世，仆人大都离去，身边只有朝云一个知己，惠州成就了苏轼与朝云的二人世界。同甘苦，共患难，流放岁月中朝云成了苏轼最大的安慰。在惠州期间，苏轼与朝云对道家的养生与佛家的思想感悟颇深，可以说，苏轼此时的人生境界达到了新的高度。

　　惠州西湖山清水秀，烟波岚影，酷似杭州西湖。自苏东坡来后，常与王朝云漫步湖堤、泛舟波上，一同回忆在杭州时的美好时光，因此也就用杭州西湖的各处风景地名为这里的山水取名，这本是两人的得意之作，不料他乡的孤山竟然成了王朝云孤寂长眠的地方。为了怀念王朝云,苏东坡在惠州西湖刻意经营、建塔、筑堤、植梅,睹物思人,缅怀一生挚爱的红颜知己。人生走到这个时候,带着如此纯真的爱情,伴随如此美好的记忆,苏轼充满对生命的感激。

惠州山水之美、惠州知己之美、惠州人性之美成就了苏轼的仙居生活。

中外寓言：拔苗助长　狐狸和山羊

拔苗助长

古时候宋国有个人，看到自己田地里的禾苗长得太慢，心里很着急。这天，他干脆下田动手把禾苗一株株地往上拔高一节。他疲惫不堪地回到家里，对家里人说："今天可把我累坏了！我一下子让禾苗长高了许多！"他的儿子听了，连忙跑到田里去看，结果田里的禾苗全部枯萎了。

狐狸和山羊

一只狐狸失足掉到了井里，不论如何挣扎仍然不能成功地爬上去，只好待在那里。公山羊渴极了，四处找水喝，终于发现了这口井。它探头看，看见狐狸在井下，便问狐狸水好不好喝。狐狸觉得机会来了，心中暗喜，马上镇静下来，极力赞美井水好喝，说这是天下第一井水，清甜爽口，并劝山羊赶快下来，与它痛饮。一心只想喝水的山羊信以为真，便不假思索地跳了下去，当它咕咚咕咚痛饮完后，就不得不与狐狸共同商议爬上去的办法。狐狸早有准备，它对山羊说："我倒有一个办法，你用前脚搭在井墙上，再把角竖起来，我从你后背跳上去，再拉你上来，我们不就都得救了吗？"公山羊同意了狐狸的提议，狐狸跳到公山羊背上，然后再用力一跳，跳到了井沿上。狐狸上去以后，准备独自逃离。公山羊指责狐狸不信守诺言。狐狸回过头对公山羊说："喂，朋友，你的头脑如果像你的胡须那样完美，你就不至于在没看清出口之前就盲目地跳下去了。"

以史为鉴：陈涉世家

背景：起义灭秦。

人物：陈胜、吴广。

优点：志向远大，"嗟乎！燕雀安知鸿鹄之志哉！"

缺点：骄奢蜕化，气度很小。

人生：点燃了中国古代农民起义的导火索。

事件：大泽乡起义。

陈胜，阳城人，字涉。吴广，阳夏人，字叔。陈胜年轻时，曾同别人一起被雇佣给人耕地。一天他停止耕作走到田埂高地上休息，因失望而叹息了许久，说："如果有谁富贵了，不要忘记大家呀。"一起耕作的同伴笑着回答说："你一个受雇耕作的人，哪来的富贵呢？"陈涉长叹一声说："唉，燕雀怎么能知道鸿鹄的志向呢？"

秦二世元年七月，朝廷征发平民调派去驻守渔阳，驻扎在大泽乡。陈胜、吴广都被编入谪戍的队伍里面，担任戍守队伍的小头目。

恰巧遇到天下大雨，道路不通，估计已经误期。误了期限，按（秦朝）法律都应当斩首。陈胜、吴广于是商量说："即使现在逃跑，被抓回来也是死，发动起义也是死，同样是死，为国事而死，可以吗？"陈胜说："天下百姓受秦朝统治、逼迫已经很久了。我听说秦二世是始皇帝的小儿子，不应立为皇帝，应立的是公子扶苏。扶苏因为屡次劝谏的缘故，皇上派他在外面带兵。现在有人听说他没什么罪，秦二世却杀了他。老百姓大都听说他很贤明，而不知道他已经死了。项燕是楚国的将领，曾多次立下战功，又爱护士兵，楚国人都很爱戴他。有人认为他死了，有人认为他逃跑了。现在如果我们假称是公子扶苏和项燕的队伍，号召天下百姓反秦，应当会有很多响应的人。"吴广认为陈胜讲得对。于是二人就去占卜来预测吉凶。占卜的人了解了他们的意图，就说："你们的大事都能成功，可以建立功业。然而你们把事情向鬼神卜问过吗？"陈胜、吴广很高兴，考虑卜鬼的事情，说："这是教我们利用鬼神来号召众人罢了。"于是就用丹砂在绸子上写上"陈胜王"三个字，放在别人所捕的鱼的肚子里。士兵们买鱼回来烹食，发现鱼肚子里面的帛书，开始对这事感到奇怪了。陈胜又暗地里派吴广到驻地旁边丛林里的神庙中，在夜间提着灯笼，作狐狸嗥叫的凄厉的声音大喊："大楚将兴，陈胜为王。"士兵们整夜惊恐不安。第二天，士兵中间议论纷纷，只是指指点点，互相以目示意看着陈胜。

吴广向来爱护士兵，士兵大多愿意听他差遣。一天押送戍卒的将尉喝醉了，吴广故意多次说想要逃跑，故意激怒将尉，好让将尉侮辱自己，以便激怒士兵们。将尉果真用竹板打吴广。将尉拔剑出鞘想

杀吴广,吴广跳起来,夺过利剑杀了将尉。陈胜帮助他,一起杀了另一个将尉。于是陈胜召集并号令部属说:"我们遇上大雨,都已误了期限,误期是要被杀头的。假使能免于斩刑,去守卫边塞死掉的可能性也会有十分之六七。况且壮士不死便罢了,要死就该成就伟大的名声啊,王侯将相难道有天生的贵种吗?"部属都说:"愿意听从您的号令。"于是他们就假称是公子扶苏、项燕的队伍,顺从人民的愿望。个个露出右臂作为起义的标志,号称大楚。用土筑成高台并在台上宣誓,用两个将尉的头祭天。陈胜自立为将军,吴广任都尉。他们攻打大泽乡,收编大泽乡的义军之后攻打蕲县。攻下蕲以后,就派符离人葛婴率军巡行蕲县以东的地方,陈胜则攻打铚、酂、苦、柘、谯等地,都攻占下来。行军中沿途收纳兵员。等到达陈县时,已有战车六七百辆,骑兵一千多,士兵好几万。攻陈县时,那里的郡守和县令都不在,只有守丞带兵在城门洞里同义军作战。守丞被人杀死了,义军进城占领了陈县。过了几天,陈胜下令召集当地管教化的乡官和才能出众的乡绅一起来集会议事。乡官、乡绅都说:"将军您亲身披着战甲,拿着锐利的武器,讨伐不义的暴君,消灭残暴的秦朝,重建楚国的江山,按照功劳应当称王。"陈涉于是自立为王,定国号叫张楚。在这时,各郡县中吃尽秦朝官吏苦头的百姓都起来惩罚当地郡县长官,杀死他们来响应陈胜的号召。于是就以吴广为代理王,督率各将领向西进攻荥阳(在今河南郑州市辖区内)。命令陈县人武臣、张耳、陈馀去攻占原来赵国的辖地,命令汝阴(今安徽阜阳)人邓宗攻占九江郡(今安徽寿县)。这时候,楚地几千人聚集在一起起义的,多得不计其数。

周章是陈县有名的贤人，曾经是项燕军中的占卜望日官，也在楚相春申君黄歇手下做过事，他自称熟习用兵，陈王就授给他将军印，带兵西去攻秦。他一路上边战边召集兵马，到达函谷关（河南灵宝）的时候，有战车千辆，士兵几十万人，到了戏亭（今陕西临潼东北，距咸阳四十千米）时，就驻扎了下来。秦王朝派少府章邯赦免了因犯罪而在骊山服役的人以及家奴所生的儿子，全部调集起来攻打张楚的大军，把楚军打败了。周章失败之后，逃出了函谷关，在曹阳（今河南三门峡西南）驻留了两三个月。章邯又追来把他打败了，周章再逃到渑池（今河南三门峡）驻留了十几天。章邯又来追击，把周章打得惨败。周章自杀，他的军队也就不能作战了。此时，到各地去攻城占地的将领，数不胜数。（《资治通鉴》：陈胜既派出周章，认为秦政府混乱，有轻视秦政府的意思，不再设立防备。博士孔鲋劝谏说："臣听说兵法：'不恃仗敌人不来进攻，而恃仗我们不怕进攻。'今天大王只恃仗敌人不来进攻，而不恃仗自己的防备，一旦兵败，后悔都来不及。"陈胜说："我的军事行动，先生不必担心！"）

章邯进攻陈县，陈王亲自出来督战，结果楚军还是战败，陈王退到了汝阴（今安徽阜阳），在回到下城父（今安徽涡阳）时，他的车夫庄贾杀了他投降秦军。陈胜死后安葬在砀县（今河南永城东北），谥号叫隐王。

陈王从前的侍臣吕臣将军组织了一支青巾裹头的"苍头军"，从新阳（今安徽界首北）起兵攻打陈县，攻克后，杀死了庄贾，又以陈县为楚都。秦的左右校尉率领部队再次进攻陈县，并占领了陈县。将军吕臣失败逃跑后，重新集结兵马，并与当年在鄱阳为盗后被封为当阳君的黥布所率领的军队联合起来,又攻击秦左右校尉的军队,在青波把他们打败了,再度以陈县为楚都。这时正好项梁立楚怀王的孙子做了楚王,从此项羽登上历史舞台。

陈胜称王总共只有六个月的时间,当了王之后,以陈县为国都。从前一位曾经与他一起受雇佣给人家耕田的伙计听说他做了王,来到了陈县,敲着宫门说:"我要见陈涉。"守宫门的长官要把他捆绑起来,经他反复解说,才放开他,但仍然不肯为他通报。等陈王出门时,他拦路呼喊陈涉的名字,陈王听到了,才召见了他,与他同乘一辆车子回宫。走进宫殿,看见殿堂房屋、帷幕帐帘之后,客人说:"夥颐!陈涉大王的宫殿高大深邃啊!"楚地人把"多"叫作"夥",所以天下流传"夥涉为王"的俗语,就是从陈涉开始的。客人在宫中出出进进越来越随便放肆,常常跟人讲陈涉从前的一些旧事。有人就对陈王说:"您的客人愚昧无知,胡说八道,有损于您的威严。"陈王就把来客杀死了。从此之后,陈王的故旧知交都纷纷自动离去,没有再亲近陈王的人了。(《史记索隐》:陈胜当了王,岳父和妻兄都前去投靠。陈胜以普通宾客的礼节对待他们。岳父愤怒地说:"依仗强势怠慢长者,不能长久!"于是不辞而别。)陈王任命朱房做中正,胡武做司过,专门督察群臣的过失。将领们打仗归来,对命令稍有不服从,就抓起来治罪,以苛刻的手段对待群臣。凡是他俩不喜欢的人,一旦有错,不交给负责司法的官吏去审理,而是擅自予以惩治,陈王却很信任他俩。将领们因为这事儿就不再亲近和依附陈王了,这就是陈王所以失败的原因。

陈胜虽然死了,他所封立派遣的侯王将相终于灭掉了秦王朝,这是由于陈涉首先起义反秦的结果。汉高祖时，在砀县安置了三十户人家为陈涉看守坟墓，到汉武帝时仍按时杀牲祭祀他。

陈胜的三句话非常经典。其一表明选择的志向："嗟乎！燕雀安知鸿鹄之志哉！"其二表明选择的路径："今亡亦死，举大计亦死；等死，死国可乎？"其三表明选择的意义："公等遇雨，皆已失期，失期当斩。藉第令毋斩，而戍死者固十六七。且壮士不死即已，死即举大名耳，王侯将相宁有种乎！"当然"苟富贵，勿相忘！"也是至理之言，可惜陈胜本人正是未兑现诺言而惨遭失败。

历史的风铃摇曳了千年，谁会在意风中的叮咛。选择，没有回头，义无反顾。

教育思考：知道自己

当我们迷惘时，我们就要问自己："我知道自己在干什么吗？"

活在当下，就要活出方向，成功就是迟早的事。坚定、坚持、坚强，目标一定能达到！至于过去，犹如微风吹过水面，带起一波波涟漪，一切都淡了。人生之成败，在于是否投入时间持续做一件正确的事。问题是很多人不愿投入精力，不甘于寂寞，终成凡人，一直在做着"丢了西瓜拣芝麻"的猴子之举。

诱惑，永远存在！不忘初心，不忘本心。

选择就是时光的风向标，时光无法制动停留，方向却能随波逐流。教育是一种选择，更是一种机遇。在学生眼中，教师是学生人生中的有限坐标；在教师眼中，学生是教师人生中的无限可能。教育在时光中穿梭，几人能看透？几人能做到？社会是一种选择，又有谁在岁月中成就永恒？试看世间的苟且，名利场较量中的钩心斗角，芸芸众生假象中的强颜欢笑，表面的繁华有如热锅上的蚂蚁。思想是一种选择，选择淡定，从心开始。人生的选择第一步就是人生从此扎根，一头扎进人生的深处，在土壤中吸取成长的营养。第二步是看得见的时光，走向光明的世界，永远向着太阳，坚持自己的方向。第三步只为情怀，不强求，不盲从，做点应该做的事。

教育三境界：人生从此扎根，看得见的时光，只为情怀。

选择的背后是思维的定位。拓展思维模式，优化思维流程，培养思维习惯，将思维与价值结合起来，立足现实，选择才更有意义。

岁月如歌：突然的自我

作词：伍佰 徐克　作曲：伍佰　演唱：伍佰　时间：2004年

听见你说　朝阳起又落
晴雨难测　道路是脚步多
我已习惯　你突然间的自我
挥挥洒洒　将自然看通透
那就不要留　时光一过不再有
你远眺的天空　挂更多的彩虹
我会紧紧的　将你豪情放在心头
在寒冬时候　就回忆你温柔
把开怀填进我的心扉
伤心也是带着微笑的眼泪
数不尽相逢　等不完守候

如果仅有此生　又何用待从头
那就不要留　时光一过不再有
你远眺的天空　挂更多的彩虹
我会紧紧的　将你豪情放在心头
在寒冬时候　就回忆你温柔
把开怀填进我的心扉
伤心也是带着微笑的眼泪
数不尽相逢　等不完守候
如果仅有此生　又何用待从头

十一、撬动人生

突　破

经济人生：竞争

为了达到稀缺品合理分配的要求，人们不断努力，诸如对价格、地位、名誉等的争取。

商品的价格和提供此商品的边际成本之间的差额，对某些人来说就是潜在优势的源泉。利用增加供给、降低价格等措施谋取利益，竞争在经济系统中应运而生。

竞争往往会将提供产品带来的收益转移到购买者和其他供应者，企业经常试图获得政府的帮助排挤竞争者。企业经常指控国内外的竞争者低于成本销售，并要求政府制止此行为。政府对于定价和商业行为的管制阻碍了竞争的发展；反之，竞争可能会增多并有效地促使企业服务于消费者的利益。

竞争程度由行业内的企业数量、产品性质、进入障碍、企业控制价格程度等因素确定。市场结构的范围从完全竞争（大量的买者和卖者），到垄断竞争（差异化的产品），再到寡头垄断（只能相互依存的部分企业），最后到完全垄断（一个企业的行为）。完全竞争有四个属性定义：一是大量的买者和卖者，他们很小甚至没有一个能够单独影响价格；二是企业生产和销售同质产品，也就是标准化产品；三是买者和卖者掌握所有能够帮助他们做出决策的价格信息和产品质量信息；四是进入和退出行业的障碍很小。在市场竞争中，全国市场或世界市场决定企业销售产品的价格，因此竞争性企业是价格接受者。在短期竞争中，某些要素是固定的；在长期竞争中，所有的要素都是可变的，且企业可以自由进入或退出行业。

竞争主导了现代生活。竞争一方面表现出高生产效率，一方面表现出高配置效率。

管理自己：激励

激励是一种过程，通过这个过程，把一个人的积极性调动起来，直至目标的实现。这个定义包含三个关键要素：精力、方向和坚持。精力要素是对强度或干劲的衡量，努力是指在通往目标的过程中坚信目标一定能够实现，员工必须坚持自己的努力，直到这些目标的实现。

根据马斯洛的理论，随着需要的大幅满足，个人的需要依照五个层次（生理需要、安全需要、社会需要、尊重需要、自我实现需要）上升。已经满足的需要不再具有激励作用。遵循X理论的管理者认为，人们并不喜欢工作也不想负责任，所以人们必须受到恐吓和胁迫才会工作。遵循Y理论的管理者认为，人们喜欢工作并愿意承担责任，具有自己的动机与方向。赫茨伯格的双因素理论认为，与工作满意相联系的内在因素对人们具有激励作用，与对工作不满意相联系的外在因素只会使人不满意。麦克利兰的三需要理论认为，人们工作的动机主要是成就需要、归属需要和权力需要。

现代经济的迅速发展导致报酬在员工自我实现中占有相当大的比重，特别是任务驱动型的管理模式促使组织明确组织使命，精细化流程，精细化考评，建立努力—绩效—报酬—价值的联系链，信息化的发展促使组织管理透明化，工作的强度与压力日益加大。为了更好地发挥激励作用，建议从以下几个方面用力：

（一）承认个体差异。

（二）运用目标和反馈。

（三）允许员工参与影响他们自身工作的决策。

（四）在报酬和未得到满足的需要之间建立联系。

（五）酬报与绩效挂钩。

（六）保持公平。

激励受员工情绪影响较大，不同时期、不同环境的效果也不一致。从长远发展的角度来看，人的自我激励是保证发展的核心，自我实现的最好举措就是不断学习。

学习按学习环境划分为学校学习与社会学习。他人影响是社会学习理论的核心观点，榜样对个体的行为塑造产生的影响程度取决于四个过程：

（一）注意过程。人们学习榜样从关注与观察开始，从基本特征起步，注意集中在吸引眼球的高频率行为或者与自己相关的明显特征上。

（二）保持过程。注意在过程中已经突破自我思想的束缚，榜样的影响随记忆与感知驻留在脑海中。

（三）复制过程。思想影响行动。在生活的相关节点上，榜样的影响会反映在学习者的表达上。

（四）强化过程。通过外因刺激学习者，激励学习者做出榜样的行为，并形成自己的内化特征。

社会学习更多的是向真人真事学习，直观模仿，偏重于动手能力。学校学习更多的是向教师和书本学习，抽象思维，偏重于动脑能力。学习者根据自己的智能状况选择自己的用力方向，寻求社会学习与学校学习的再平衡。

三国演义：陆逊

改变历史的人物之一。表现点：

智取荆州，逼关羽走麦城。陆逊深知关羽弱点，抓住关羽弱点大做文章。关羽小看陆逊，不知详情，终致失败。突破仅在一点却足以致命。

彝陵一战，力挫刘备。当才华未尽展之时，必遭众人阻抗，陆逊战胜阻力，成功完成使命。突破免不了困难，破茧成蝶，终能展翅。

与周瑜一样，陆逊青年时代就展露才华，对于江东的发展起到了至关重要的作用。后期卷入太子废立争斗，含恨而终。其子陆抗，为了江东的基业，功勋卓著。

成名不分年长年少，突破不仅仅在一时一世。陆逊从小喜爱读书，接受很好的教育，加之个人天赋异禀，迟早崭露头角。真正有才能的人，一时只是长期勤奋的结果，背后不知付出多少一时又一时的辛苦，正如陆逊，关键一时一举成名，其后也能尽展才华，续写业绩。一时犹如一世，一世犹如一时。突破贯穿一时一世。

红楼追梦：李纨

晚韶华

镜里恩情，更那堪梦里功名！那美韶华去之何迅！再休提绣帐鸳衾。只这带珠冠，披凤袄，也抵不了无常性命。虽说是，人生莫受老来贫，也须要阴骘积儿孙。气昂昂头戴簪缨，光灿灿胸悬金印；威赫赫爵禄高登，昏惨惨黄泉路近。问古来将相可还存？也只是虚名儿与后人钦敬。

李纨，中国古典小说《红楼梦》中的人物，金陵十二钗之一，又称作宫裁，稻香老农，大菩萨。她是荣国府长孙贾珠之妻。贾珠夭亡，幸存一子，取名贾兰。李纨亦系金陵名宦之女，父名李守中，曾为国子监祭酒。李纨青春守寡，心如槁木死灰，是封建淑女，是标准的节妇，是妇德妇功的化身。平日世事一概不闻不问，只知道抚养亲子，闲时陪侍小姑等女红诵读而已。李纨进入大观园后，精神面貌焕然一新。二月二十二日，姑娘们搬进园。春天还没有过完，也就是一个月左右时间,她就想到要办诗社。她在那个年代竟然有如此构想,其构思年代之早完全可以申报吉尼斯世界纪录,起码可以拥有知识产权。李纨办诗社,绝不仅仅是为了娱乐。要知道,任何重大的社会变革,都是从文化开始的。西方的文艺复兴、中国的五四运动,均是证明。这充分说明她的内心并非心如古井,而是涌动着波涛,期望着变革,充满着对美好幸福生活的渴望。但她是谨慎的,她没有去操作她的创意。直到将近半年以后的八月,探春才醒过来,捡起李纨的构想,发出帖子,邀集众人创办诗社。李纨并不与探春争功,一听到消息,立刻赶到探春那儿,称赞探春并采取一系列行动来支持探春,支持诗社:一是自荐为掌坛人;二是拿出自己的稻香村作为社址;三是肯定林黛玉的建议,大家起个别号,并且第一个为自己起了个别号"稻香老农";四是出了个人人叫好的主意,邀王熙凤做监社御史,好解决经费问题。

  贾家败落后,李纨带着儿子贾兰逃离出来,在山中隐居。在这段时日内,李纨日日夜夜教儿子读书习字。后来贾兰考取了功名,当了一个知县的官职,随后又参军上战场,屡建战功。最后贾兰加官封爵,李纨也受到圣上的嘉奖,给了紫蟒加身。谁知她回家不到一个月就病死了。

  李纨居所——稻香村。

三十六计：败战计·分类讨论简化忙碌人生

第三十一计 美人计【原典】兵强者，攻其将；将智者，伐其情。将弱兵颓，其势自萎。利用御寇，顺相保也。

第三十二计 空城计【原典】虚者虚之，疑中生疑；刚柔之际，奇而复奇。

第三十三计 反间计【原典】疑中之疑。比之自内，不自失也。

● 一元二次方程与不等式的解法、系数讨论、底数讨论、集合讨论、平行四边形性质与判定的方法（边、角、对角线）。

例：若函数$f(x)=x^2+a|x-2|$在$(0,+\infty)$上单调递增，求实数a的取值范围。

"美人计"，投其所好，最易使人犯错，防止中计之法在于吸取教训，时刻告诫自己，形成适当自觉抵御反应，建立"错题笔记"，时常反省学习。

"空城计",虚实不明,借疑走险,空或不空是表象,学习来不得半点虚假;实或不实是内容,学习来不得半点敷衍。

"反间计",善于用力,虽困难重重,但目标不变。

东坡轨迹：儋州

北宋绍圣四年（1097年），苏轼被一叶孤舟送到了荒凉之地海南岛儋州（今海南儋县）。据说在宋朝，放逐海南是仅比满门抄斩罪轻一等的处罚。苏轼在这里办学堂，介学风，以至于许多人不远千里，追至儋州，从苏轼学。在宋代百余年里，海南从没有人进士及第。但苏轼北归不久，这里的姜唐佐就举乡贡。为此苏轼题诗："沧海何曾断地脉，珠崖从此破天荒。"人们一直把苏轼看作是儋州文化的开拓者、播种人，对他怀有深深的崇敬。

儋州气候不适合人居住，夏天潮湿，冬天雾重，秋天多雨。儋州医疗条件落后，根本没有医生就诊，有病全靠祭祀祈祷。儋州生活物资匮乏，主要食物依靠大陆输送，交通不便，供应不济。苏轼的住所也是简陋之极。纵然落魄如此，朝廷仍不放过苏轼，雷州太守因送别苏轼出岛而革职，儋州太守因优待苏轼而革职。待苏轼再次被免之时，政敌章惇被贬雷州，章惇之子章援曾担忧苏轼以其父之道还其彼身，苏轼就给章惇的女婿及章援写信，信中宽慰诸人大可放心。人性如此落差，怎不叫人唏嘘短叹！

　　苏轼在儋州，儿子苏过一直陪伴左右，苏轼指导儿子写文章及作画，后来苏过成为一个相当有名的文学家和画家。苏轼制墨、采药，月下散步，品尝儋州荔枝、橘子，想当初杨贵妃吃的荔枝也不如苏东坡吃的新鲜。继黄州注完《易经》《论语》后，在儋州注完了《尚书》，完成了和陶诗一百二十四首。古人曾言"古来圣贤皆寂寞"，特别之时有特别的道理，但苏轼是个例外。一个人的成就决定于清静之时的修为。儋州，给了苏轼清静；苏轼，给了儋州文化。

中外寓言：杯弓蛇影　乌鸦喝水

杯弓蛇影

　　乐广字彦辅，在河南做官，曾经有一个亲密的朋友，分别很久不见再来，乐广问朋友不来的原因，友人回答说："前些日子来你家做客，承蒙你给我酒喝，正端起酒杯要喝酒的时候，看见杯中有一条蛇，心里十分恶心，喝了那杯酒后，就得了重病。"当时，厅堂的墙壁上挂着一张弓，弓上有一条用漆画的蛇。乐广猜想杯中的影子就是弓了。他在原来的地方再次请那位朋友饮酒，对朋友说道："酒杯中是否又看见了什么东西？"朋友回答说："所看到的跟上次一样。"于是乐广就告诉他其中的原因，朋友豁然开朗，疑团突然解开，长久而严重的疾病顿时被治好了。

乌鸦喝水

在一块大石头附近有一个瓶子,瓶子里有一些水。

一只乌鸦又热又渴,飞到瓶子上站着。但它喝不到水,因为瓶颈很长。怎么才能喝到水呢?

乌鸦想了想,然后飞走了。过了一会儿,它叼着一块小石子回来了。它把头伸到瓶口处,然后把石子扔到瓶子里。

瓶子里的水涨到了瓶颈,它终于喝到了水,非常开心。

以史为鉴：淮阴侯列传

太史公曰：吾如淮阴，淮阴人为余言，韩信虽为布衣时，其志与众异。其母死，贫无以葬，然乃行营高敞地，令其旁可置万家。余视其母冢，良然。假令韩信学道谦让，不伐己功，不矜其能，则庶几哉，于汉家勋可以比周、召、太公之徒，后世血食矣。不务出此，而天下已集，乃谋畔逆，夷灭宗族，不亦宜乎！

背景：楚汉战争。

人物：韩信。

优点：雄才大略，战功卓越。

缺点：始终难以突破自己，不该为之时而为之，该为之时又不为之。

人生：为求功名尽展才能，为求安身反遭迫害。

事件：忍辱胯下、井陉之战、潍水之战、武涉劝反、陈县被擒、劝反陈豨、钟室被杀。

淮阴侯韩信,淮阴人。当初为平民百姓时,贫穷,没有好品行,不能够被推选去做官,又不能做买卖维持生活,经常寄居在别人家吃闲饭,人们大多厌恶他。曾经多次前往下乡南昌亭亭长处吃闲饭,接连数月,亭长的妻子嫌恶他,就提前做好早饭,端到内室床上去吃。开饭的时候,韩信去了,却不给他准备饭食。韩信也明白他们的用意,一怒之下,居然离去不再回来。

韩信在城下钓鱼,有几位老大娘漂洗丝绵,其中一位大娘看见韩信饿了,就拿出饭给韩信吃。几十天都如此,直到漂洗完毕。韩信很高兴,对那位大娘说:"我一定会重重地报答您老人家。"大娘生气地说:"大丈夫不能养活自己,我是可怜你这位公子才给你饭吃,难道是希望你报答吗?"

淮阴屠户中有个年轻人侮辱韩信说:"你虽然长得高大,喜欢带刀佩剑,其实不过是个胆小鬼罢了。"又当众侮辱他说:"你要不怕死,就拿剑刺我;如果怕死,就从我胯下爬过去。"于是韩信仔细地打量了他一番,低下身去,趴在地上,从他的胯下爬了过去。满街的人都笑话韩信,认为他胆小。

等到项梁率军渡过了淮河,韩信持剑追随他,在项梁部下,却没有名声。项梁战败,又隶属项羽,项羽让他做了郎中。他屡次向项羽献策,以求重用,但项羽没有采纳。汉王刘邦入蜀,韩信脱离楚军归顺了汉王。因为没有什么名声,只做了接待宾客的小官。后来犯法被判处斩刑,同伙十三人都被杀了,轮到韩信,他抬头仰视,正好看见滕公,说:"汉王不想成就统一天下的功业吗?为什么要斩壮士!"滕公感到他的话不同凡响,见他相貌堂堂,就放了他。和韩信

交谈,很欣赏他,把这事报告汉王,汉王任命韩信为治粟都尉。汉王并没有察觉到他有什么出奇超众的才能。

　　韩信多次跟萧何谈话,萧何认为他是位奇才。到达南郑,各路将领在半路上逃跑的有几十人。韩信揣测萧何等人已多次向汉王推荐自己,汉王不任用,也就逃走了。萧何听说韩信逃跑了,来不及报告汉王,亲自追赶他。有人报告汉王说:"丞相萧何逃跑了。"汉王大怒,如同失去了左右手。过了一两天,萧何来拜见汉王,汉王又是恼怒又是高兴。骂萧何道:"你逃跑,为什么?"萧何说:"我不敢逃跑,我去追赶逃跑的人。"汉王说:"你追赶的人是谁呀?"回答说:"是韩信。"汉王又骂道:"各路将领逃跑了几十人,您没去追一个,却去追韩信,是骗人。"萧何说:"那些将领容易得到。至于像韩信这样的杰出人物,普天之下找不出第二个人。大王果真要长期在汉中称王,自然用不着韩信,如果一定要争夺天下,除了韩信就再也没有可以和您商议大事的人了。这就看大王怎么决策了。"汉王说:"我是要向东发展啊,怎么能够内心苦闷地长期待在这里呢?"萧何说:"大王决意向东发展,能够重用韩信,韩信就会留下来,不能重用,韩信终究要逃跑的。"汉王说:"由于您的推荐,让他做个将军吧。"萧何说:"即使是做将军,韩信一定不肯留下。"汉王说:"任命他做大将军。"萧何说:"太好了。"于是汉王就要召见韩信任用他。萧何说:"大王向来对人轻慢,不讲礼节,如今任命大将军就像呼喊小孩儿一样,这就是韩信要离去的原因啊。大王决心要任命他,要选良辰吉日,亲自斋戒,设置高坛和广场,礼仪要完备才可以呀。"汉王答应了萧何的请求。众将听到要拜大将都很高兴,人人都以为自己要做大将军了。等到任命大将军时，被任命的竟然是韩信，全军都感到惊讶。任命韩信的仪式结束后，汉王就座。汉王说："丞相多次称道将军，将军用什么计策指教我呢？"韩信谦让了一番，趁势问汉王说："如今向东争夺天下，难道敌人不是项王吗？"汉王说："是。"韩信说："大王自己估计在勇敢、强悍、仁厚、兵力方面与项王相比，谁强？"汉王沉默了好长时间，说："我不如项王。"韩信拜了两拜，赞成地说："我也认为大王比不上他呀。然而，我曾经侍奉过他，请让我说说项王的为人吧。项王震怒咆哮时，吓得千百人不敢稍动，但不能放手任用有才能的将领，这只不过是匹夫之勇罢了。项王待人恭敬慈爱，言语温和，有生病的人，他心疼流泪，将自己的饮食分给他，等到有的人立下战功，该加封晋爵时，却把刻好的大印放在手里玩得失去了棱角，舍不得交给别人，这就是所说的妇人的仁慈啊。项王即使是称霸天下，使诸侯臣服，但他放弃了关中的有利地形，而建都彭城，又违背了义帝的约定，将自己的亲信分封为王，诸侯们愤愤不平。诸侯们看到项王把义帝迁移到江南僻远的地方，也都回去驱逐自己的国君，占据了好的地方自立为王。项王军队所经过的地方，没有不横遭摧残毁灭的，天下的人大都怨恨，百姓不愿归附，只不过迫于威势，勉强服从罢了。虽然名义上是霸主，实际上却失去了天下的民心，所以说他的优势很容易转化为劣势。如今大王果真能够与他反其道而行，任用天下英勇善战的人才，有什么不可以诛灭他呢？用天下的城邑分封给有功之臣，有什么人不心服口服呢？以正义之师，顺从将士东归的心愿，有什么样的敌人不能击溃呢？况且项羽分封的三个王，原来都是秦朝的将领，率领秦地的子弟打了好几年仗，被

杀死和逃跑的多到没法计算，又欺骗他们的部下向诸侯投降。到达新安，项王狡诈地活埋了已投降的秦军二十多万人，唯独章邯、司马欣和董翳得以留存，秦地的父老兄弟对这三个人恨入骨髓。而今项羽凭恃着威势，强行封立这三个人为王，秦地的百姓没有谁爱戴他们的。而大王进入武关，秋毫无犯，废除了秦朝的苛酷法令，与秦地百姓约法三章，秦地百姓没有不想让大王在秦地做王的。根据诸侯的成约，大王理应在关中做王，关中的百姓都知道这件事，大王失掉了应得的爵位进入汉中，秦地百姓没有不怨恨的。如今大王发动军队向东挺进，只要一道文书三秦封地就可以平定了。"于是汉王特别高兴，自认为得到韩信太晚了。就听从韩信的计策，部署各路将领去攻击目标。

　　汉王出兵经过陈仓向东挺进，平定了三秦。汉二年（前205），兵出函谷关，收服了魏王、河南王、韩王、殷王也相继投降。汉王又联合齐王、赵王共同攻击楚军。四月，到彭城，汉军兵败，溃散而回。韩信又收集溃散的人马与汉王在荥阳会合，在京县、索亭之间摧垮楚军，因此楚军始终不能西进。

　　汉军在彭城败退之后，塞王司马欣、翟王董翳叛汉降楚，齐国和赵国也背叛汉王跟楚国和解。六月，魏王豹以探望老母疾病为由请假回乡，一到封国，立即切断黄河渡口临晋关的交通要道，反叛汉王，与楚军订约讲和。汉王派郦生游说魏豹，没有成功。这年八月，汉王任命韩信为左丞相，攻打魏王豹。魏王把主力部队驻扎在蒲坂，堵塞了黄河渡口临晋关。韩信就增设疑兵，故意排列开战船，假装要在临晋渡河，而隐蔽的部队却从夏阳用木制的盆瓮浮水渡河，偷袭安邑。魏王豹惊慌失措，带领军队迎击韩信，韩信俘虏了魏王豹，平定了魏地，改制为河东郡。汉王派张耳和韩信一起，领兵向东进发，向北攻击赵国和代国。这年闰九月打垮了代国军队，在阏与生擒了夏说。韩信攻克魏国，摧毁代国后，汉王立刻派人调走韩信的精锐部队，开往荥阳去抵御楚军。

韩信和张耳率领几十万人马，想要突破井陉口，攻击赵国。赵王、成安君陈余听说汉军将要来袭击赵国，在井陉口聚集兵力，号称二十万大军。广武君李左车向成安君献计说："听说汉将韩信渡过西河，俘虏魏王豹，生擒夏说，新近血洗阏与，如今又以张耳辅助，计议要夺取赵国。这是乘胜利的锐气离开本国远征，其锋芒不可阻挡。可是，我听说千里运送粮饷，士兵们就会面带饥色，临时砍柴割草烧火做饭，军队就不能经常吃饱。眼下井陉这条道路，两辆战车不能并行，骑兵不能排成行列，行进的军队迤逦数百里，运粮食的队伍势必远远地落到后边，希望您临时拨给我奇兵三万人，从隐蔽小路拦截他们的粮草，您就深挖战壕，高筑营垒，坚守军营，不与之交战。他们向前不得战斗，向后无法退却，我出奇兵截断他们的后路，使他们在荒野中什么东西也抢掠不到，用不了十天，两将的人头就可送到将军帐下，希望您仔细考虑我的计策。否则，一定会被他二人俘虏。"成安君，是信奉儒家学说的刻板书生，经常宣称自己是正义的军队，不用欺骗诡计，说："我听说兵书上讲，兵力十倍于敌人，就可以包围它，超过敌人一倍就可以交战。现在韩信的军队号称数万，实际上不过数千，竟然跋涉千里来袭击我们，已经极其疲惫。如今像这样回避不出击，强大的后续部队到来，又怎么对付呢？诸侯们会认为我胆小,就会轻易地来攻打我们。"于是不采纳广武君的计谋。韩信派出的人暗中打探,了解到成安君没有采纳广武君的计谋,回来报告,韩信大喜,才敢领兵进入井陉狭道。离井陉口还有三十里,停下来宿营。半夜传令出发,挑选了两千名轻装骑兵,每人拿一面红旗,从隐蔽小道上山,在山上隐蔽着观察赵国的军队。韩信告诫说:"交战时,赵军见我军败逃,一定会倾巢出动追赶我军,你们火速冲进赵军的营垒,拔掉赵军的旗帜,竖起汉军的红旗。"又让副将传达开饭的命令。说:"今天打垮了赵军正式会餐"。将领们都不相信,假意回答道:"好。"韩信对手下军官说:"赵军已先占据了有利地形,筑造了营垒,他们看不到我们大将旗帜、仪仗,就不肯攻击我军的先头部队,怕我们到了险要的地方退回去。"韩信就派出万人为先头部队,出了井陉口,背靠河水摆开战斗队列。赵军远远望见,大笑不止。天刚蒙蒙亮,韩信设置起大将的旗帜和仪仗,大吹大擂地开出井陉口。赵军打开营垒攻击汉军,激战了很长时间。这时,韩信、张耳假装抛旗弃鼓,逃回河边的阵地,河边阵地的士兵打开营门放他们进去,然后再和赵军激战。赵军果然倾巢出动,争夺汉军的旗鼓,追逐韩信、张耳。这时韩信、张耳已进入河边阵地,全军殊死奋战,赵军无法把他们打败。韩信预先派出去的两千轻骑兵,等到赵军倾巢出动去追逐战利品的时候,就火速冲进赵军空虚的营垒,把赵军的旗帜全部拔掉,竖立起汉军的两千面红旗。这时,赵军既不能取胜,又不能俘获韩信等人,想要退回营垒,营垒插满了汉军的红旗,大为震惊,以为汉军已经全部俘获了赵王的将领,于是军内大乱,纷纷落荒而逃,赵将即使诛杀逃兵,也不能禁止。于是汉兵前后夹击,彻底摧垮了赵军,俘虏了大批人马,在泜水岸边生擒了赵王歇。韩信传令全军,不要杀害广武君,有能活捉他的赏给千金。于是就有人捆着广武君送到军营,韩信亲自给他解开绳索,请他面向东坐,自己面向西对着坐,像对待老师那样对待他。众将献上首级和俘虏,向韩信祝贺,趁机向韩信说:"兵法上说:'行军布阵应该右边和背后靠山,前边和左边临水。'这次将军反而令我们背水列阵,说'打垮了赵军正式会餐',我等并不信服,然而竟真的取得了胜利,这是什么战术啊?"韩信回答说:"这个战术在兵法上也有,只是诸位没留心罢了。兵法上不是说'陷之死地而后生,置之亡地而后存'吗?只是我平素没有得到机会训练诸位将士,这就是所说的'赶着街市上的百姓去打仗',在这种形势下不得不把将士们置之死地,使人人为保全自己而战不可;如果给他们留有生路,就都逃跑了,怎么还能够取胜呢?"将领们都佩服地说:"好,将军的谋略不是我们所能赶得上的呀。"于是韩信问广武君说:"我要向北攻打燕国,向东讨伐齐国,怎么办才能成功呢?"广武君推辞说:"我听说'打了败仗的将领没资格谈论勇敢,亡了国的大夫没有资格谋划国家的生存'。而今我是兵败国亡的俘虏,有什么资格计议大事呢?"韩信说:"我听说,百里奚在虞国而虞国灭亡了,在秦国而秦国却能称霸,这并不是因为他在虞国愚蠢,而到了秦国就聪明了,而在于国君任用不任用他,采纳不采纳他的意见。果真让成安君采纳了你的计谋,我韩信早就被生擒了。因为没采纳您的计谋,所以我才能够侍奉您啊。"韩信坚决请教说:"我倾心听从你的计谋,希望您不要推辞。"广武君说:"我听说,'智者千虑,必有一失;愚者千虑,必有一得'。

所以俗话说,'狂人的话,圣人也可以选择'。只恐怕我的计谋不足以采用,但我愿献愚诚,忠心效力。成安君本来有百战百胜的计谋,然而一旦失掉它,军队在鄗城之下战败,自己在泜水之上身亡。而今将军横渡西河,俘虏魏王,在阏与生擒夏说,一举攻克井陉,不久就打垮了二十万赵军,诛杀了成安君。名声传扬四海,声威震动天下,农民们预感到兵灾临头,没有不放下农具,停止耕作,穿好的,吃好的,打发日子,专心倾听战争的消息,等待死亡的来临。像这些,都是将军在策略上的长处。然而,眼下百姓劳苦,士卒疲惫,很难用以作战。如果将军发动疲惫的军队,停留在燕国坚固的城池之下,要战恐怕时间过长,力量不足不能攻克。实情暴露,威势就会减弱,旷日持久,粮食耗尽,而弱小的燕国不肯降服,齐国一定会拒守边境,以图自强。燕、齐两国坚持不肯降服,那么,刘项双方的胜负就不能断定。像这样,就是将军战略上的短处。我的见识浅薄,但我私下认为,攻燕伐齐是失策啊。所以,善于带兵打仗的人不拿自己的短处去攻击敌人的长处,而是拿自己的长处去攻击敌人的短处。"韩信说:"虽然如此,那么应该怎么办呢?"广武君回答说:"如今为将军打算,不如按兵不动,安定赵国的社会秩序,抚恤阵亡将士的遗孤。每天把送来的牛肉美酒,用以犒劳将士。摆出向北进攻燕国的姿态,而后派出说客,拿着书信,在燕国显示自己战略上的长处,燕国必不敢不听从。燕国顺从之后,再派说客往东劝降齐国,齐国就会闻风而降服。即使有聪明睿智的人,也不知该怎样替齐国谋划了。如果这样,夺取天下的大事就都可以谋求了。用兵本来就有先虚张声势,而后采取实际行动的,我说的就是这种情况。"韩信说:"好。"于是听从了广武君的计策。派遣使者出使燕国,燕国听到消息后果然立刻降服。于是使者派人报告汉王,并请求立张耳为赵王,用以镇抚赵国。汉王答应了他的请求,就封张耳为赵王。

楚国多次派出奇兵渡过黄河攻击赵国。赵国张耳和韩信往来救援,在行军中安定赵国的城邑,调兵支援汉王。此时楚军正把汉王紧紧地围困在荥阳,汉王从南面突围,到宛县、叶县一带,接纳了黥布,奔入成皋,楚军又急忙包围了成皋。六月间,汉王逃出成皋,向东渡过黄河,只有滕公相随,去张耳在修武的驻地。一到,就住进客馆里。第二天早晨,他自称是汉王的使臣,骑马奔入赵军的营垒。韩信、张耳还没有起床,汉王就在他们的卧室里夺取了他们的印信和兵符,用军旗召集众将,更换了他们的职务。韩信、张耳起床后,才知道汉王来了,大为震惊。汉王夺取了他二人统率的军队,命令张耳防守赵地,任命韩信为国相,让他收集赵国还没有发往荥阳的部队,去攻打齐国。韩信领兵向东进发,还没渡过平原津,听说汉王派郦食其已经说服齐王归顺了。韩信打算停止进军,范阳说客蒯通规劝韩信说:"将军是奉诏攻打齐国的,汉王只不过暗中派遣一个密使游说齐国投降,难道有诏令停止将军进攻吗?为什么不进军呢?况且郦生不过是个读书人,坐着车子,鼓动三寸之舌,就收服齐国七十多座城邑。将军率领数万大军,一年多的时间才攻克赵国五十多座城邑。为将多年,反不如一个读书小子的功劳吗?"韩信认为他说得对,就听从他的计策,率军渡过黄河。齐王听从郦生的规劝以后,挽留郦生开怀畅饮,撤除了防备汉军的设施。韩信乘机突袭齐国属下的军队,很快就打到国都临菑。齐王田广认为被郦生出卖了,就把他煮死，而后逃往高密，派出使者前往楚国求救。韩信平定临菑以后，向东追赶田广，一直追到高密城西。楚国也派龙且率领兵马，号称二十万，前来救援齐国。齐王田广和司马龙且两支部队合兵一处与韩信作战，有人规劝龙且说："汉军远离国土，拼死作战，其锋芒锐不可当。齐楚两军在本乡本土作战，士兵容易逃散。不如深沟高垒，坚守不出。让齐王派亲信大臣，去安抚已经沦陷城邑的百姓，这些城邑的官吏和百姓知道他们的国王还在，楚军又来援救，一定会反叛汉军。汉军客居两千里之外，齐国城邑的人都纷纷起来反叛他们，那么他们势必得不到粮食，这就可以迫使他们不战而降。"龙且说："我一向了解韩信的为人，容易对付他。而且援救齐国，不战而使韩信投降，我还有什么功劳？如今战胜他，齐国一半土地可以分封给我，为什么不打？"于是决定开战，与韩信隔着潍水摆开阵势。韩信下令连夜赶做一万多条口袋，装满沙土，堵住潍水上游，带领一半军队渡过河去，攻击龙且，假装战败，往回跑。龙且果然高兴地说："本来我就知道韩信胆小怕事。"于是就渡过潍水追赶韩信。韩信下令挖开堵塞潍水的沙袋，河水汹涌而来，这时龙且的军队有一多半还没渡过河去，韩信立即回师猛烈反击，杀死了龙且。龙且在潍水东岸尚未渡河的部队，见势四散逃跑，齐王田广也逃跑了。韩信追赶败兵直到城阳，把楚军士兵全部俘虏了。

汉四年（前203），韩信降服且平定了整个齐国，派人向汉王上书说："齐国狡诈多变，反复无常，南面的边境与楚国交界，不设立一个暂时代理的王来镇抚，局势一定不能稳定。为有利于当前的局势，希望允许我暂时代理齐王。"正当这时，楚军在荥阳紧紧地围困

着汉王,韩信的使者到了,送来了书信,汉王打开书信一看,勃然大怒,骂道:"我在这儿被围困,日夜盼着你来帮助我,你却想自立为王!"张良、陈平暗中踩汉王的脚,凑近汉王的耳朵说:"目前汉军处境不利,怎么能禁止韩信称王呢?不如趁机册立他为王,很好地待他,让他自己镇守齐国,不然可能发生内乱。"汉王醒悟,又故意骂道:"大丈夫平定了诸侯,就做真王罢了,何必做个暂时代理的王呢?"就派遣张良前往,册立韩信为齐王,征调他的军队攻打楚军。

楚军失去龙且后,项王害怕了,派盱眙人武涉前往规劝齐王韩信说:"天下人对秦朝的统治痛恨已久了,大家才合力攻打它。秦朝破灭后,按照功劳裂土分封,各自为王,以便休兵罢战。如今汉王又兴师东进,侵犯他人的境界,掠夺他人的封地,已经攻破三秦,率领军队开出函谷关,收集各路诸侯的军队向东进击楚国,他的意图是不吞并整个天下不肯罢休,他贪心不足到这种地步,太过分了。况且汉王不可信任,自身落到项王的掌握之中多次了,是项王的怜悯使他活下来,然而一经脱身,就背弃盟约,再次进攻项王。他是这样的不可亲近,不可信任。如今您即使自认为和汉王交情深厚,替他竭尽全力作战,最终还得被他所擒。您所以能够存活到今天,是因为项王还存在啊。当前刘、项争夺天下的胜败,举足轻重的是您。您向右边站,那么汉王胜;您向左边站,那么项王胜。假若项王今天被消灭,下一个被消灭的就是您了。您和项王有旧交情,为什么不反汉与楚联和,三分天下自立为王呢?如今,放过这个时机,必然要站到汉王一边攻打项王,一个聪明睿智的人,难道应该这样做吗?"韩信辞谢说:"我侍奉项王,官不过郎中,职位不过是个持戟的卫士,言不听，计不用，所以我背楚归汉。汉王授予我上将军的印信，给我几万人马，脱下他身上的衣服给我穿，把好食物让给我吃，言听计用，所以我才能够到今天这个样子。人家对我亲近、信赖，我背叛他不吉祥，即使到死也不变心。希望您替我辞谢项王的盛情！"

武涉走后，齐国人蒯通知道天下胜负的关键在于韩信，想出奇计打动他，就以看相的身份规劝韩信，说："我曾经学过看相技艺。"韩信说："先生给人看相用什么方法？"蒯通回答说："人的高贵、卑贱在于骨骼，忧愁、喜悦在于面色，成功、失败在于决断。用这三项验证人相万无一失。"韩信说："好，先生看看我的相怎么样？"蒯通回答说："希望随从人员暂时回避一下。"韩信说："周围的人离开吧。"蒯通说："看您的面相，只不过封侯，而且还有危险，不安全。看您的背相，显贵而不可言。"韩信说："这话是什么意思呢？"蒯通说："当初，天下举兵起事的时候，英雄豪杰纷纷建立名号，一声呼喊，天下有志之士像云雾那样聚集，像鱼鳞那样杂沓，如同火焰迸飞，狂风骤起。正当这时，人们关心的只是灭亡秦朝罢了。而今，楚汉纷争，使天下无辜的百姓肝胆涂地，父子的尸骨暴露在荒郊野外，数不胜数。楚国人从彭城起事，转战四方，追逐败兵，直到荥阳，乘着胜利，像卷席子一样向前挺进，声势震动天下。然后军队被困在京、索之间，被阻于成皋以西的山岳地带不能再前进，已经三年了。汉王统领几十万人马在巩县、洛阳一带抗拒楚军，凭借着山河的险要，虽然一日数战，却无尺寸之功，以致遭受挫折失败，几乎不能自救。在荥阳战败，在成皋受伤，于是逃到宛、叶两县之间，这就是所说的智尽勇乏了。将士的锐气长期困顿于险要关塞而被挫伤，仓库的粮食也消耗殆尽，百姓疲劳困苦，怨声载道，人心动荡，无依无靠。以我估计，这样的局面不是天下的圣贤就不能平息这场天下的祸乱。当今刘、项二王的命运都掌握在您的手里。您协助汉王，汉王就胜利；协助楚王，楚王就胜利。我愿意披肝沥胆，敬献愚计，只恐怕您不采纳啊。果真能听从我的计策，不如让楚、汉双方都不受损害，同时存在下去，你和他们三分天下，鼎足而立，如果形成那种局面，就没有谁敢轻举妄动了。凭借您的贤能圣德，拥有众多的人马装备，占据强大的齐国，迫使燕、赵屈从，出兵到刘、项两军的空虚地带，牵制他们的后方，顺应百姓的心愿，向西去制止刘、项纷争，为军民请求保全生命，那么，天下就会迅速地群起而响应，有谁敢不听从！而后，割取大国的疆土，削弱强国的威势，用以分封诸侯。诸侯恢复之后，天下就会感恩戴德，归服听命于齐。稳守齐国故有的疆土，据有胶河、泗水流域，用恩德感召诸侯，恭谨谦让，那么天下的君王就会相继前来朝拜齐国。听说：'苍天赐予的好处不接受，反而会受到惩罚；时机到了不采取行动，反而要遭祸殃。'希望您仔细地考虑这件事。"韩信说："汉王给我的待遇很优厚，他的车子给我坐，他的衣裳给我穿，他的食物给我吃。我听说，坐人家车子的人，要分担人家的祸患；穿人家衣裳的人，心里要想着人家的忧患；吃人家食物的人，要为人家的事业效死，我怎么能够图谋私利而背信弃义呢！"蒯通说："你自认为和汉王友好，想建立流传万世的功业，我私下认为这种想法错了。当初常山王、成安君还是平民百姓时，结成割掉脑袋也不反悔的交情，后来因为张黡、陈泽的事发生争执，使得二人彼此仇恨。常山王背叛项王，捧着项婴的人头逃跑，归降汉王。汉王借给他军队向东进击,在泜水以南杀死了成安君,身首异处,被天下人耻笑。这两个人的交情,可以说是天下最要好的,然而到头来,都想把对方置于死地,这是为什么呢?祸患产生于贪得无厌而人心又难以猜测。如今您打算用忠诚、信义与汉王结交,一定比不上常山王、成安君结交更巩固,而你们之间关联的事情又比张黡、陈泽的事件重要得多,所以我认为您断定汉王不会危害自己,也错了。大夫文种、范蠡使濒临灭亡的越国保存下来,辅佐勾践称霸诸侯,功成名就之后,文种被迫自杀,范蠡被迫逃亡。野兽已经打完了,猎犬被烹杀。以交情友谊而论,您和汉王就比不上常山王与成安君了,以忠诚信义而论也就赶不上大夫文种、范蠡与越王勾践了。从这两个事例看,足够您断定是非了,希望您深思熟虑。况且我听说,勇敢、谋略使君主感到威胁的人,有危险;而功勋卓著、冠盖天下的人得不到赏赐。请让我说一说大王的功绩和谋略吧:您横渡西河,俘虏赵王,生擒夏说,带领军队夺取井陉,杀死成安君,攻占了赵国,以声威镇服燕国,平定安抚齐国,向南摧毁楚国军队二十万,向东杀死楚将龙且,西面向汉王报捷,这可以说是功劳天下无二。而计谋出众,世上少有。如今您据有威胁君主的威势,持有不能封赏的功绩,归附楚国,楚国人不信任;归附汉国,汉国人震惊恐惧。您带着这样大的功绩和声威,哪里是您可去的地方呢?身处臣子地位而有着使国君感到威胁的震动,名望高于天下所有的人,我私下为您感到担忧。"韩信说:"先生暂且说到这儿吧!让我考虑考虑。"此后过了数日,蒯通又对韩信说:"能够听取别人的善意,就能预见事情发展变化的征兆;能反复思考,就能把握成功的关键。听取意见不能做出正确的判断，决策失误而能够长治久安的人，实在少有；听取意见很少判断失误的人，就不能用花言巧语去惑乱他；计谋筹划周到不本末倒置的人，就不能用花言巧语去扰乱他。甘愿做劈柴喂马差事的人，就会失掉争取万乘之国权柄的机会；安心微薄俸禄的人，就得不到公卿宰相的高位。所以办事坚决是聪明人果断的表现，犹豫不决是办事情的祸害。专在细小的事情上用心思，就会丢掉天下的大事；有判断是非的智慧，决定后又不敢行动，这是所有事情的祸根。所以俗话说："猛虎犹豫不能决断，不如黄蜂、蝎子用毒刺去螫；骏马徘徊不前，不如劣马安然慢步；勇士孟贲狐疑不定，不如凡夫俗子决心实干，以求达到目的；即使有虞舜、夏禹的智慧，闭上嘴巴不讲话，不如聋哑人借助打手势起作用。这些俗语都说明付诸行动是最可宝贵的。所有的事业都难以成功而容易失败，所有时机都难以抓住而容易失掉。时机啊时机，丢掉了就不会再来，希望您仔细地考虑斟酌。"韩信犹豫不决，不忍心背叛汉王，又自认为功勋卓著，汉王终究不会夺去自己的齐国，于是谢绝了蒯通。蒯通的规劝没有被采纳，就假装疯癫做了巫师。

汉王被围困在固陵时，采用了张良的计策，征召齐王韩信，于是韩信率领军队在垓下与汉王会师。项羽被打败后，高祖用突然袭击的办法夺取了齐王的军权。汉五年正月，改封齐王韩信为楚王，建都下邳。韩信到了下邳，召见曾经分给他饭吃的那位漂母，赐给她黄金千斤。轮到下乡南昌亭亭长，赐给百钱，说："你是小人，做好事有始无终。"召见曾经侮辱过自己、让自己从他胯下爬过去的年轻人，任用他做了中尉，并告诉将相们说："这是位壮士。当他侮辱我的时候,我难道不能杀死他吗?杀掉他没有意义,所以我忍受了一时的侮辱而成就了今天的功业。"项王部下逃亡的将领锺离眛,家住伊庐,一向与韩信要好。项王死后,他逃出来归附韩信。汉王怨恨锺离眛,听说他在楚国,诏令楚国逮捕锺离眛。韩信初到楚国,巡行所属县邑,进进出出都带着武装卫队。汉六年,有人上书告发韩信谋反。高祖采纳陈平的计谋,假托天子外出巡视会见诸侯,南方有个云梦泽,派使臣通告各诸侯到陈县聚会,说:"我要巡视云梦泽。"其实是要袭击韩信,韩信却不知道。高祖将要到楚国时,韩信曾想发兵反叛,又认为自己没有罪,想见高祖,又怕被擒。有人对韩信说:"杀了锺离眛去朝见皇上,皇上一定高兴,就没有祸患了。"韩信去见锺离眛商量。锺离眛说:"汉王所以不攻打楚国,是因为我在您这里,你想逮捕我取悦汉王,我今天死,你也会紧跟着死的。"于是骂韩信说:"你不是个忠厚的人!"终于刎颈身死。韩信拿着他的人头,到陈县朝拜高祖。高祖命令武士捆绑了韩信,押在随行的车上。韩信说:"果真像人们说的'狡兔死了,出色的猎狗就遭到烹杀;高翔的飞禽光了,优良的弓箭收藏起来;敌国破灭,谋臣死亡'。现在天下已经安定,我本来应当遭烹杀!"高祖说:"有人告发你谋反。"就给韩信带上了刑具。到了洛阳,赦免了韩信的罪过,改封为淮阴侯。

韩信知道汉王畏忌自己的才能,常常托病不参加朝见和侍行。从此,韩信日夜怨恨,在家闷闷不乐,为和绛侯、灌婴处于同等地位而感到羞耻。韩信曾经拜访樊哙将军,樊哙跪拜送迎,自称臣子,说:"大王怎么竟肯光临。"韩信出门笑着说:"我这辈子竟然和樊哙这般人为伍了。"高祖经常从容地和韩信议论将军们的高下,认为各有长短。高祖问韩信:"像我的才能能统率多少兵马?"韩信说:"陛下能统率兵马不过十万。"高祖说:"你怎么样?"回答说:"我是越多越好。"高祖笑着说:"您越多越好,为什么还被我俘虏了?"韩信说:"陛下不能带兵,却善于驾驭将领,这就是我被陛下俘虏的原因。况且陛下是上天赐予的,不是人力所能做到的。"

　　陈豨被任命为钜鹿郡守,向淮阴侯辞行。淮阴侯拉着他的手避开左右侍从在庭院里漫步,仰望苍天叹息说:"您可以听听我的知心话吗?有些心里话想跟您谈谈。"陈豨说:"一切听任将军吩咐!"淮阴侯说:"您管辖的地区,是天下精兵聚集的地方;而您,是陛下信任宠幸的臣子。如果有人告发说您反叛,陛下一定不会相信;再次告发,陛下就怀疑了;三次告发,陛下必然大怒而亲自率兵前来围剿。我为您在京城做内应,天下就可以取得了。"陈豨一向知道韩信的雄才大略,深信不疑,说:"我一定听从您的指教!"汉十年,陈豨果然反叛。高祖亲自率领兵马去平叛,韩信托病没有随从。暗中派人到陈豨处说:"只管起兵,我在这里协助您。"韩信就和家臣商量,夜里假传诏书赦免各官府服役的罪犯和奴隶,打算发动他们去袭击吕后和太子。部署完毕,等待着陈豨的消息。有人向吕后告发了韩信准备反叛的情况,吕后打算把韩信骗来,又怕他不肯就范,就和萧相国谋划,令人假说从皇上那儿来,说陈豨已被俘获处死,列侯群臣都来祝贺。萧相国欺骗韩信说:"即使有病,也要强打精神进宫祝贺吧。"韩信进宫,吕后命令武士把韩信捆起来,在长乐宫的钟室把韩信杀死了。韩信临斩时说:"我后悔没有采纳蒯通的计谋,以致被妇女小子所欺骗,难道不是天意吗?"后来高祖诛杀了韩信三族。

高祖从平叛陈豨的军中回到京城，见韩信已死，又高兴又怜悯他，问："韩信临死时说过什么话？"吕后说："韩信说悔恨没有采纳蒯通的计谋。"高祖说："那人是齐国的说客。"就诏令齐国捕捉蒯通。蒯通被带来，高祖说："是你唆使淮阴侯反叛的吗？"回答说："是。我的确教过他，那小子不采纳我的计策，所以有自取灭亡的下场。假如那小子采纳我的计策，陛下怎能够灭掉他呢？"皇上生气地说："煮了他。"蒯通说："哎呀，煮死我，冤枉啊！"皇上说："你唆使韩信造反，有什么冤枉？"蒯通说："秦朝法度败坏，在政权瓦解的时候，山东六国大乱，各路诸侯纷纷起事，一时天下英雄豪杰像乌鸦一样聚集。秦朝土崩瓦解，天下英杰都来抢夺它，于是才智高超、行动敏捷的人率先得到它。蹠的狗对着尧狂叫，尧并不是不仁德，只因为他不是狗的主人。而此时，我只知道有个韩信，并不知道有陛下。况且天下磨快武器、手执利刃想干陛下所干的事业的人太多了，只是力不从心罢了。您怎么能够把他们都煮死呢？"高祖说："放掉他。"就赦免了蒯通的罪过。

韩信善变却失时，韩信功高却盖主，一生有太多的人为其指点迷津，最终还是自己迷失了自己的方向，与此形成鲜明对比的是蒯通之智，果如其言，历史又将重写，三足鼎立的时代可能早早形成，蒯通之策堪比诸葛亮也未可知。

教育思考：看破

一大半瓶水，人们往往看到不满。老师评作业，直接指向学生的错误，学生也指向自己的错题错在哪里？人们的目光指向局部，指向少数；学生的目光关注个别，关注细微。于是，欣赏的人少了，不满足的人多了，看到自己进步的少了，追求完美自我的多了。忽略了收获，幸福感自然降低。

许多人时常发现惊喜：美食、美景、美女，人们的目光也是指向局部，指向少数，反映的都是自我的渴望。过多地关注遥远的美好，说明自己的境遇欠佳，表达的是内心的憧憬。世间之所以功利，恰恰利用了人性的渴望欲。一山还比一山高，进，永无止境！可是世间真有完美吗？皇帝就餐可谓奢华至极，皇帝胃口好吗？草原景色天下最美，你愿意久居其中吗？秀色真可餐否？人们不断地奔跑，有时很狼狈，有时很窘迫，人生没有尽头！

现实生活中，人们喜欢微信，喜欢微信的人分为两种：一类批判者追求完美，一类向往者渴望光明。建议每个人总结大多数人的生活境遇，梳理出每个人的生活轨迹，大胆地提出自己的人生主张，放手对自己的生活进行加、减、乘、除运算。平和心态，平凡行动，回归生活的真实，追踪个人的成长轨迹。学校为什么进行考试压力的调整？心理压力为何产生？因为误把战场精神代替了考场心态，学生失去了理智，自然产生了心魔。毕竟，我们在追逐目标的过程中忽略了许多东西。欠债还钱，欠生命的账还的不仅是钱，这是生命的代价。

看破红尘，就要滋润心田，让灵魂走向高贵。行走在尘世间，身心合一，保持真实的状态。或许有时身不由己，哪怕身处逆境，但精神属于自己，唯有如此，身之苦味亦是心中之甜。岁月终将我们带入洗礼后的夕阳光景，那时候，谁又会对谁说"晚安"呢？

特别欣赏丰子恺先生的说法：人生有三层楼。第一层是物质生活，第二层是精神生活，第三层是灵魂生活。这个世界不是有钱人的世界，也不是无钱人的世界，它是有心人的世界。

突破境界需要寻找人生的杠杆，教育突破自有其周期规律。40岁以前教师要立足专业发展，不断加深对教育的理解，坚持个人前瞻性的理念剖析，制订个人可行性行动纲要，规划个人专业发展方案。40岁以后要立足学校发展与自我实现，拓展个人对教育的理解，洞悉学校发展愿景，努力自我实现，规划发展方案。教育工作者要永远走专业化发展之路，以项目推进教育，以研究代替管理，向优教师、优课程、优课题的三大工程迈进。

人生三境：无情岁月增中减，有味读书苦后甜，此一境也；天若有情天亦老,人间正道是沧桑,此二境也;运筹帷幄之中,决胜千里之外,此三境也。

岁月如歌：千里之外

作词：方文山　作曲：周杰伦　演唱：费玉清，周杰伦　时间：2006年

屋檐如悬崖

风铃如沧海

我等燕归来

时间被安排

演一场意外

你悄然走开

故事在城外

浓雾散不开

看不清对白

你听不出来

风声不存在

是我在感慨

梦醒来

是谁在窗台

把结局打开

那薄如蝉翼的未来

经不起谁来拆

我送你离开

千里之外

你无声黑白

沉默年代

或许不该

太遥远的相爱

我送你离开

天涯之外

你是否还在

琴声何来

生死难猜

用一生去等待

闻泪声入林

寻梨花白

只得一行青苔

天在山之外

雨落花台

我两鬓斑白

闻泪声入林

寻梨花白

只得一行青苔

天在山之外

雨落花台

我等你来

一身琉璃白

透明着尘埃

你无瑕的爱

你从雨中来

诗化了悲哀

我淋湿现在

芙蓉水面采

船行影犹在

你却不回来

被岁月覆盖

你说的花开

过去成空白

梦醒来

是谁在窗台

把结局打开

那薄如蝉翼的未来

经不起谁来拆

我送你离开

千里之外

你无声黑白

沉默年代

或许不该

太遥远的相爱

我送你离开

天涯之外

你是否还在

琴声何来

生死难猜

用一生去等待

我送你离开

千里之外

你无声黑白

沉默年代

或许不该

太遥远的相爱

我送你离开

天涯之外

你是否还在

琴声何来

生死难猜

用一生去等待

十二、自己是自己世界的主宰

改　变

经济人生：信息

未来社会的发展，信息激增，要求人们具备一种信息检索的能力，利用信息，检索信息，合理编码，设计程序，找到自己的发展路径。经济学是思维的一种模式，经济学更是关于信息的实用学科。市场围绕价格展开活动，价格本身就是信息，信息社会中谁的信息畅通，谁能拥有信息并利用信息，谁就会主导市场，成为市场的主流。

知识更新成就科技发展，未来的学习首先是信息的检索能力，学习必然从选择信息开始。只有合理地选择学习知识才能走出僵化的知识体系的束缚，找到简约的学习路径，为奉献社会竭尽自己的精力，同时找到人生的价值。

信息社会，一切都会围绕信息而展开。信息社会的每一个人无论接受什么样的信息，成就什么样的价值观，坚守什么样的人生观，秉承什么样的世界观，构建起什么样的信息世界，发生什么样的故事，都给世界留下或并联或串联的信息编码。

管理自己：控制

控制是一种管理职能，涉及对活动进行监督，以确保计划完成，并纠正任何重要的偏差。作为管理的最后一个环节，控制梳理整个管理进程进而分析目标达成情况。控制进一步整合信息，核实资源，提供支持以促成管理终端的实现。控制分衡量、比较和优化行动三个步骤，衡量实际、对比目标、跟进举措是控制的基本要求。控制分前馈式、同步式和反馈式三种，以时间节点进行梳理。

控制是保证质量的必要措施。管理者了解关于质量的标准并迁移其他管理对象，管理战略思维必然有所启发。

产品质量的维度：性能、特征、灵活性、耐久性、适配性、服务性、美学性、主观性。服务质量的维度：及时、礼貌、持续、方便、完整、准确。

管理者一方面要控制产品质量，另一方面要从人的要素入手，寻找管理平衡。

压力是因为强烈的要求、限制或机会所产生的焦虑的反应。要求是指想要得到的东西的缺失,限制是阻止我们做自己希望做的事情的障碍。机会是新的、从未得到过的事物的可能性。

压力并不总是坏事。压力也有积极的一面,尤其当环境能为某人创造有所收获的机会时,适当的压力可以使人在关键时刻发挥出最佳水平。

压力时刻存在却不一定真的产生。潜在的压力变为真实的压力有两个条件:一是结果的不确定性,二是结果很重要。压力在管理中发挥重要作用,社会工作存在员工压力控制问题,学校学习存在学生成长压力与学习压力。压力征兆表现在生理方面,诸如新陈代谢失调,心率与呼吸频率加快,血压上升,头痛,心脏不适等。压力征兆表现在心理方面,诸如工人怠工、紧张、焦虑、烦躁、厌倦、拖沓、埋怨等。压力征兆表现在行为方面,诸如个人习惯失衡,工作行为紊乱。优秀的管理者总能从员工的角度出发,换位思考,监测压力系统运行情况,从工作相关因素分析压力状况,分析任务要求、角色要求、人际关系要求、组织结构和组织领导的定位。从个人因素分析压力状况,分析家庭问题、经济状况、性格因素、道德问题的定位。

压力不可消除,压力既有积极的一面也有消极的一面,控制压力成为管理的必然。将压力化作动力的办法就是实施员工健康计划。计划主要是将个体的发展因素与工作的目标要求协调一致,从工作要求层面制定规划、形成流程、定期培训、适时激励,提供学习、文化交流,展示成果。从个人要求层面实施时间管理、建立个人目标、定期体育健身、适时群体交流。

三国演义：邓艾

改变历史的人物之一。表现点：

邓艾之功，平定蜀国。

司马懿之子司马昭率军征蜀，大败姜维，姜维退守剑阁，邓艾建议乘胜追击，攻其不备，出其不意，从阴平由小路经德阳亭直趋涪县，在剑阁以西一百里处南进，距离成都只有三百余里，利用奇兵直插蜀国心腹地带，从而使剑阁首尾不能相顾，一战成功。

邓艾之忠，报效国家。

平民出身的一代名将，善于用兵，智谋出众，忠心耿耿，屡建战功。特别是在灭亡蜀国的战役中，进军十分艰难，邓艾身先士卒，不畏艰险。《三国志》记载："冬十月，艾自阴平道行无人之地七百余里，凿山通道，造作桥阁。山高谷深，至为艰险，又粮运将匮，濒于危殆。艾以毡自裹，推转而下。将士皆攀木缘崖，鱼贯而进。"

邓艾之冤，日月可昭。

邓艾在平定蜀国之后提出了制吴方略，主张延缓用兵，修养整顿，暂留部分兵力，熬煮井盐，冶炼铜铁，以满足征战农耕需要。制造舟船，准备沿长江顺流而下。攻心为上，一方面厚待刘禅，安抚百姓，以示对归降者的恩宠；另一方面对吴国晓以利害，劝其投降，以求不战而胜。司马昭派遣监军卫瓘晓谕邓艾："事当须报，不宜辄行。"艾进言："衔命征行，奉指授之策，元恶既服；至于承制拜假，以安初附，谓合权宜。今蜀举众归命，地尽南海，东接吴会，宜早镇定。若待国命，往复道途，延引日月。《春秋》之义，大夫出疆，有可以安社稷、利国家，专之可也。今吴未宾，势与蜀连，不可拘常，以失事机。兵法，进不求名，退不避罪。艾虽无古人之节，终不自嫌以损于国也。"

可惜邓艾之冤，一受小人谗言，二未遇明主，三不隐身而退。满招损，谦受益。当功成名就之时，险境不再，人心叵测，嫉妒之心滋长。时局变换，取得成功的人往往成了牺牲品。因此，困境时需要英雄，小人自然因无能而隐藏；顺境时需要提防小人，英雄隐去之时正是小人出现之机。纷纷扰扰的社会总会受人的影响，或明或暗，或显或隐，或繁华或暗淡，历史终究会在时光的流逝中继续，历史终究会在记忆的岁月中反复。

邓艾一生为国，结局却遭人陷害，成为当时最大的冤案。历史往往就是这样，平凡的人容易被历史忽略，不平凡的人成就了历史却付出了生命的代价。

红楼追梦：秦可卿

好事终

画梁春尽落香尘。擅风情，秉月貌，便是败家的根本。箕裘颓堕皆从敬，家事消亡首罪宁。宿孽总因情。

秦可卿，中国古典小说《红楼梦》中的人物，金陵十二钗之一，她是营缮郎秦业从养生堂抱养的女儿，袅娜纤巧，宁国府重孙贾蓉的原配夫人，贾府通称蓉大奶奶，被贾母赞为重孙媳中第一个得意之人，深得贾母喜欢。可卿与公公贾珍、小叔子贾蔷关系暧昧，偷情之事暴露后，由于羞愧不堪在天香楼上吊自杀。

秦可卿来自仙界的清净女儿之境，是太虚幻境之主警幻仙子的妹妹，乳名兼美，表字可卿。她在警幻宫中原是个钟情的首座，管的是风情月债。奉警幻之命，降临尘世，为第一情人，引导金陵十二钗早早归入太虚幻境。

可卿之存在，竟惹世间无限遐想，勾起多少魂魄，形成多少寂寥。是非一切皆幻影,功过一时都成空。

红楼梦曲收尾——飞鸟各投林

为官的,家业凋零(元春);富贵的,金银散尽(湘云);有恩的,死里逃生(巧姐);无情的,分明报应(宝钗)。欠命的,命已还(可卿);欠泪的,泪已尽(黛玉)。冤冤相报实非轻(凤姐),分离聚合皆前定(探春)。欲知命短问前生(迎春),老来富贵也真侥幸(李纨)。看破的,遁入空门(惜春);痴迷的,枉送了性命(妙玉)。好一似食尽鸟投林,落了片白茫茫大地真干净!

《红楼梦》讲述了无限的悲欢离合、物是人非的世态炎凉。王国维说《红楼梦》是一部悲剧小说。鲁迅说《红楼梦》是一部人情小说。我个人认为这是曹雪芹的内心独白,诉说尘世故事,追忆往日时光,寄托生命情怀。在现实中渴望并呼唤真、善、美!无奈国破、家亡、人散、己忧的种种情感让美好如此短暂,以至于仿佛在梦中才能得以追寻。过来人应有更深刻的切肤之痛,南唐后主李煜体会最深。

虞美人

李煜

春花秋月何时了,往事知多少。

小楼昨夜又东风,故国不堪回首月明中。

雕栏玉砌应犹在,只是朱颜改。

问君能有几多愁,恰似一江春水向东流。

红楼一梦，烟云尽散，国破、家亡、人散，一片凄凉。国破，继续有新国家产生；人散，陆续有新生命诞生；唯家亡，特别是家庭整体的衰落，宣告一个时代结束了，家族演变为家庭，伴随着是家法消失，继之以公民必须遵守的法律，从而改变了中华文明的生态形成，这是《红楼梦》具有历史意义的伟大之处。因此我认为，《红楼梦》是文学殿堂中的"满汉全席"，具有划时代的意义。

三十六计：败战计·数形结合缔造完美生活

第三十四计 苦肉计【原典】人不自害，受害必真；假真真假，间以得行。童蒙之吉，顺以巽也。

第三十五计 连环计【原典】将多兵众，不可以敌，使其自累，以杀其势。在师中吉，承天宠也。

第三十六计 走为上计【原典】全师避敌。左次无咎，未失常也。

● 已知函数 $g(x) = \begin{cases} \dfrac{1}{x+1} - 3, & -1 < x \leq 0 \\ x^2 - 3x + 2, & 0 < x \leq 1 \end{cases}$ 若方程 $g(x) - mx - m = 0$ 有且仅有两个不等的实根，求实数 m 的取值范围。$m \in [0, 2)$

方法一：苦肉计

将 m 进行常变量分离。

方法二：连环计

令 $x+1=t$。

方法三：走为上计

从式上研究。

从形上研究。

"苦肉计""连环计""走为上计"，让逆境转化为顺境，经历磨难，超越痛苦，幸福就会有同样深刻的体验。数形结合呈现给数学世界以美感，犹如身心健康带给人们完整的人格。处在初中向高中过渡的转折点，将初中数学做一次整理，将高中入门知识做一次探究。特别是"三十六计"在思维上的艺术，给了我们学习上的灵感，让我们胜不骄、败不馁，无论身处何时何地何境，总也能坦然面对，办法总比困难多，找到适合自己的突围方案，让数学成为高中时代靓丽的风景线，贯穿看得见的时光，为青春抹上浓重的一笔。

东坡轨迹：年谱

北宋仁宗：天圣元年—嘉祐八年（1023—1063）

1037年，苏轼出生

1054年，娶王弗

1057年，中进士、丧母、服孝

1059年，举家迁往京都

1061年，任凤翔判官

北宋英宗：治平元年—四年（1064—1067）

1064年，任职史馆

1065年，丧妻

1066年，丧父、服孝

北宋神宗：熙宁元年—元丰八年（1068—1085）

1068年，娶王闰之

1069年，返京任职史馆

1071年，任奏院监官，往杭州，任杭州通判

1074年，往密州，任密州太守

1076年，往徐州

1077年，任徐州太守

1079年，任湖州太守，入狱

1080年，谪居黄州

1084年，往常州

1085年，往登州，任登州太守；往京都，任中书舍人

北宋哲宗：1086—1100，元祐年间太后摄政

1086年，以翰林学士知制诰

1089年，往杭州，任杭州太守

1091年，任吏部尚书，任颍州太守

1092年，任扬州太守，兵部尚书、礼部尚书

1093年，丧妻，太后去世，任定州太守

1094年，谪居惠州

1097年，谪居海南

北宋徽宗：1101—1126

1101年，北返，往常州，去世

1126年，北宋亡

中外寓言：画蛇添足　狐狸和葡萄

画蛇添足

楚国有个人搞祭祀活动。祭祀完了以后，取出一壶酒来赏给门人们喝。门人们见只有一壶酒，就互相约定说："这壶酒几个人一起喝，肯定不够喝；如果一个人喝，才会有点剩余。我们可以一起在地上画蛇，谁先把蛇画好，这壶酒就归谁喝。"于是，大家找来树枝和瓦片，飞快地在地上画了起来。有个人先画好了蛇，端起酒来正准备喝，发现别人都还没有画好，就一手端着酒壶，一手又接着画，并且一边画一边得意洋洋地说："我还可以给蛇添几只脚呢。"还没等他把蛇的脚画好，另一个人已把蛇画好了，并夺过酒壶说："蛇本来没有脚，你怎么能给它画脚呢？"说罢，他仰起脖子，"咕咚咕咚"地把酒喝光了。那个给蛇画脚的人愣愣地站在那里，眼巴巴地看着别人把酒喝光。

狐狸和葡萄

饥饿的狐狸看见葡萄架上挂着一串串晶莹剔透的葡萄,口水直流,想要摘下来吃,但又摘不到。看了一会儿,无可奈何地走了,它边走边自己安慰自己说:"这葡萄没有熟,肯定是酸的。"

以史为鉴：太史公自序

太史公曰："唯唯，否否，不然。余闻之先人曰：'伏羲至纯厚，作《易》八卦。尧舜之盛，《尚书》载之，礼乐作焉。汤武之隆，诗人歌之。《春秋》采善贬恶，推三代之德，襃周室，非独刺讥而已也。'汉兴以来，至明天子，获符瑞，封禅，改正朔，易服色，受命于穆清，泽流罔极，海外殊俗，重译款塞，请来献见者不可胜道。臣下百官力诵圣德，犹不能宣尽其意。且士贤能而不用，有国者之耻；主上明圣而德不布闻，有司之过也。且余尝掌其官，废明圣盛德不载，灭功臣世家贤大夫之业不述，堕先人所言，罪莫大焉。余所谓述故事，整齐其世传，非所谓作也，而君比之于《春秋》，谬矣。"

背景：西汉司马家族，子承父志，忍辱发愤，开辟史学新纪元。

人物：司马迁。

优点：气势浩瀚，宏伟深厚。

缺点：述往事，思来者，意犹未尽。

人生：究天人之际，通古今之变，成一家之言。成就中国历史上第一部纪传体通史。

事件：论道六经。

《太史公自序》是《史记》的最后一篇，是《史记》的自序，也是司马迁的自传，人们常称之为司马迁自作之列传。不仅一部《史记》总括于此，而且司马迁一生本末也备见于此，是研究司马迁及其《史记》的重要资料。原序由三部分组成：第一部分历叙世系和家学渊源，并概括了作者前半生的经历；第二部分利用对话的形式，鲜明地表达了作者撰写《史记》的目的，是为了完成父亲临终前的嘱托，以《史记》上续孔子的《春秋》，并通过对历史人物的描绘、评价，来抒发作者心中的抑郁不平之气，表白他以古人身处逆境、发愤著书的事迹自励，终于在遭受宫刑之后，忍辱负重，完成了《史记》这部巨著；第三部分是《史记》一百三十篇的各篇小序。全序规模宏大，文气深沉浩瀚，是《史记》全书的纲领。

自序用相当大的篇幅写六家的要旨，论道六经的要义，充分而深刻地反映了司马父子的学术思想。对儒、墨、名、法、道德及阴阳六家的分析精辟透彻，入木三分，指陈得失，有若案断，历经百世而无可比拟。六家：指阴阳、儒、墨、名、法、道德六个学派。"要指"同"要旨"，指主要的思想。《易大传》："天下一致而百虑，同归而殊途。"夫阴阳、儒、墨、名、法、道德，此务为治者也，直所从言之异路，有省不省耳。尝窃观阴阳之术，大祥而众忌讳，使人拘而多所畏；然其序四时之大顺，不可失也。儒者博而寡要，劳而少功，是以其事难尽从；然其序君臣父子之礼，列夫妇长幼之别，不可易也。墨者俭而难遵，

是以其事不可遍循；然其强本节用，不可废也。法家严而少恩；然其正君臣上下之分，不可改矣。名家使人俭而善失真；然其正名实，不可不察也。道家使人精神专一，动合无形，赡足万物。其为术也，因阴阳之大顺，采儒、墨之善，撮名、法之要，与时迁移，应物变化，立俗施事，无所不宜，指约而易操，事少而功多。儒者则不然。以为人主天下之仪表也，主倡而臣和，主先而臣随。如此则主劳而臣逸。至于大道之要，去健羡，绌聪明，释此而任术。夫神大用则竭，形大劳则敝。形神骚动，欲与天地长久，非所闻也。夫阴阳四时、八位、十二度、二十四节各有教令，顺之者昌，逆之者不死则亡，未必然也，故曰"使人拘而多畏"。夫春生夏长，秋收冬藏，此天道之大经也，弗顺则无以为天下纲纪，故曰"四时之大顺，不可失也"。

夫儒者以六艺为法。六艺经传以千万数，累世不能通其学，当年不能究其礼，故曰"博而寡要，劳而少功"。若夫列君臣父子之礼，序夫妇长幼之别，虽百家弗能易也。

墨者亦尚尧舜道，言其德行曰："堂高三尺，土阶三等，茅茨不翦，采椽不刮。食土簋，啜土刑，粝粱之食，藜藿之羹。夏日葛衣，冬日鹿裘。"其送死，桐棺三寸，举音不尽其哀。教丧礼，必以此为万民之率。使天下法若此，则尊卑无别也。夫世异时移，事业不必同，故曰"俭而难遵"。要曰强本节用，则人给家足之道也。此墨子之所长，虽百长弗能废也。

法家不别亲疏，不殊贵贱，一断于法，则亲亲尊尊之恩绝矣。可以行一时之计，而不可长用也，故曰"严而少恩"。若尊主卑臣，明分职不得相逾越，虽百家弗能改也。

名家苛察缴绕，使人不得反其意，专决于名而失人情，故曰"使人俭而善失真"。若夫控名责实，参伍不失，此不可不察也。

道家无为，又曰无不为，其实易行，其辞难知。其术以虚无为本，以因循为用。无成势，无常形，故能究万物之情。不为物先，不为物后，故能为万物主。有法无法，因时为业；有度无度，因物与合。故曰："圣人不朽，时变是守。虚者道之常也，因者君之纲也。"群臣并至，使各自明也。其实中其声者谓之端，实不中其声者谓之窾。窾言不听，奸乃不生。贤不肖自分，白黑乃形。在所欲用耳，何事不成。乃合大道，混混冥冥。光耀天下，复反无名。凡人所生者神也，所托者形也。神大用则竭，形大劳则敝，形神离则死。死者不可复生，离者不可复返，故圣人重之。由是观之，神者生之本也，形者生之具也。不先定其神，而曰"我有以治天下"，何由哉？

司马迁著《史记》源于家父心愿。汉武帝元封元年（前110年）天子始建汉家之封，而太史公留滞周南，不得与从事，故发愤且卒。而子迁适使反，见父于河、洛之间。太史公执迁手而泣曰："余先周室之太史也。自上世尝显功名于虞夏，典天官事。后世中衰，绝于予乎？汝复为太史，则续吾祖矣。今天子接千岁之统，封泰山，而余不得从行，是命也夫，命也夫！余死，汝必为太史；为太史，无忘吾所欲论著矣。且夫孝始于事亲，中于事君，终于立身。扬名于后世，以显父母，此孝之大者。夫天下称诵周公，言其能论歌文、武之德，宣周、邵之风，达太王、王季之思虑，爰及公刘，以尊后稷也。幽、厉之后，王道缺，礼乐衰，孔子修旧起废，论《诗》《书》，作《春秋》，则学者至今则之。自获麟以来四百有余岁，而诸侯相兼，史记放绝。今汉兴，海内一统，明主贤君忠臣死义之士，余为太史而弗论载，废天下之史文，余甚惧焉，汝其念哉！"迁俯首流涕曰："小子不敏，请悉论先人所次旧闻，弗敢阙。"

司马迁著《史记》源于自身遭遇。太史公遭李陵之祸，幽于缧绁。乃喟然而叹曰："是余之罪也夫！是余之罪也夫！身毁不用矣。"退而深惟曰："夫《诗》《书》隐约者，欲遂其志之思也。昔西伯拘羑里，演《周易》；孔子厄陈、蔡，作《春秋》；屈原放逐，著《离骚》；左丘失明，厥有《国语》；孙子膑脚，而论兵法；不韦迁蜀，世传《吕览》；韩非囚秦，《说难》《孤愤》；《诗》三百篇，大抵贤圣发愤之所为作也。此人皆意有所郁结，不得通其道也，故述往事，思来者。"于是卒述陶唐以来，至于麟止，自黄帝始。

司马迁的父亲司马谈学识渊博，从其论述的六家要旨中可以深刻体会其学术思想，为司马迁的史学才识打下了深厚的功底，司马迁可谓史学世家。同时司马谈临终立下遗嘱，要求司马迁书写历史，论著扬名。孔子一生追求理想而不得，于是著《春秋》以传世，多以反面针砭时弊。司马迁多从正面讴歌历史中的不同人物，上至帝王，下至平民，涉及社会各个方面，可谓历史浩繁的长卷。从周朝至孔子著《春秋》五百年，从《春秋》至《史记》又五百年，司马迁开辟历史又承载着历史的生命。司马迁用生命的张力支撑起家族的担当，过人的胆识与智慧彰显历史的丰厚，从某种意义上说，司马迁为历史而生，历史为司马迁而存。司马迁的一生，改变的是境遇，不变的是情怀。中华文化因为有了司马迁，历史的长河直挂银汉，走向立体，一泻千里，源远流长。

教育思考：生命的要义

一路走来，阳光、空气、水、食物，这是生命的第一要义。

身体与心灵是身心的两个方面，身体在于体验，心灵在于灵感，身心健康是生命的第二要义。

世界充满变化，变化引起选择，选择带动方向。人生只有一次，无法回头，不体验不足以分辨，体验中的人生伤痕累累，于是自卑与超越一直不断地纠缠其中，在困境中挣扎，破茧成蝶，境界的维度时变时新，盘旋上升，一山还比一山高。攀登人生之巅，洞察生命内涵，让生命宁静、高贵，至简至真，真切体会到自己的思想时刻在闪烁火花，自己的灵魂时常在头顶飘逸。自己属于自己，坚持做下去。在这个世界上，你无可替代，存在是生命的第三要义。

生命是一段旅程，耕耘什么，收获什么；放下什么，索取什么；一路走来，一路走去。

成于思毁于随。韩愈《劝学解》有云："业精于勤荒于嬉，行成于思毁于随。"三思而后行。古有三思，今推而广之：思维、思想、思路。思维决定理念，倡导创造性思维、批判性思维、正向思维、逆向思维；思想决定行动，时间与内容、举措是思考力关键；思路决定方向，正确的方向犹如航海中的灯塔。教学之道在于思，思之道在于进退。退一步寻找思维之源，进一步深刻思路之远，思考是当下持续的坚持。教育最重要的是给学生一个完整的世界。保持长度，不要截取；保持宽度，不要排斥；保持高度，不要压抑。人，最可贵的是思想，思想来源于思考，思考的顿悟产生思想的火花，从而点亮一个人的人生。

年复一年，梳理人生；找到方向，做出自己；深刻教育，修复自己。不想让时光将你掩埋，向上是唯一的方向。致良知，致心智。

年鉴，与时光的轨迹、流动的生活、诗意的生命、驿动的心情一脉相承，不可割裂。现实往往靠拼凑，破坏了节奏。正因为切割，生活呈现碎片化，发现生活的这个特征，请搭建自己的人生驿站，打造自己的时光之舟，随岁月一起驶向人生深处，此生不回头。

年省，人生年鉴，年复一年，看一看岁月的痕迹，听一听自己的心声，闻一闻健康的味道，问一问生命的意义，想一想收获的代价，摸一摸成长的年轮，无法忘怀，只为情怀。

岁月如歌：我的天空

作词：醉人　　作曲：汀洋　　演唱：南征北战　　时间：2013年

再见我的爱 I Wanna Say Goodbye

再见我的过去 I Want a New Life

再见我的眼泪跌倒和失败

再见那个年少轻狂的时代

再见我的烦恼　不再孤单

再见我的懦弱　不再哭喊

Now I wanna say

我的未来

在无尽的黑夜

所有都快要毁灭

至少我还有梦

也为你而感动

原来黎明的起点

就在我的心里面

只要我还有梦

就会看到彩虹

在我的天空

挫折和离别不过是生命中的点缀

过了多年我才读懂了家人的眼泪

发现原来自己没有说再见的勇气

离别的伤感感染了满城的空气

失去后才知道那些有多么的珍贵

亲爱的朋友们是否已经展翅纷飞

不飞到高处怎么开阔自己的视野

你已经长大了　快告诉全世界

外面的世界散发着强大的磁场

诱惑着每一双即将展开的翅膀

热恋的火在懵懂中凶猛地燃烧

美丽的火花在恋人的周围环绕

这过程很美　尽管有无奈和失落

刻骨铭心地爱过　尽管她爱的并不是我

如果没有离别如何学会承受打击

如果没有跌倒如何能够学会爬起

在无尽的黑夜

所有都快要毁灭
至少我还有梦
也为你而感动
原来黎明的起点
就在我的心里面
只要我还有梦
就会看到彩虹
在我的天空
是谁在为我等待
在那神秘的未来
找到属于我的爱
this is my new life
是谁在为我等待
在那神秘的未来
找到属于我的爱
在无尽的黑夜
所有都快要毁灭
至少我还有梦
也为你而感动

过去
人生元年

2016年，我45岁。人生如果有分水岭的话，我认为恰在此时，姑且记作"人生元年"。公元前也即前半生，公元后也即后半生。值此人生元年之际，写点文字，权当是写给自己的安慰，写给人生的纪念，至少，我提出"人生元年"这个概念就值得每个人反思自己的人生。"人生元年"是人生哲学的新思考。

建立自己的教育哲学——看得见的时光

珍惜光阴，记录光阴的故事。时间管理，仿佛看见了自己，重新认识，重新出发，记录教育足迹，成就教育时光。

1月，联系大连诊断性评估学校意见。

3月，确认九所增值评价普通高中：赤峰二中、赤峰四中、红旗中学（新城区）、红旗中学（松山区）、天山一中、林东一中、乌丹一中、锦山中学、平煤高中。

3月，参加2016年度普高六项行动林东片区研讨会、宁城片区研讨会。

4月，参加2016年度普高六项行动中心城区片区研讨会。

4月，参加赤峰二中学业诊断评价会议，正式签订九校与大连必由学合作协议。

4月，参加由敖汉旗教育局主办的张华教授讲学活动。主讲专题《基于核心素养的课程教学改革》与《让学生自由探究生活》。

7月，中考报考与高考成绩统计工作，全面了解高中学生学业入口关与出口关的基本情况，同时关注学年联考成绩发展状况。

7月，参加赤峰第四届校长论坛。

8月，撰写第四届校长论坛教育报道《热度 高度 温度》。

9月，参加年度督导评估工作。由本人牵头的第四工作组评估赤峰四中、赤峰实验中学、红旗中学（新城区）、红旗中学（松山区）、松山蒙中、林西一中、地质二中共七所普通高中，全面梳理了各高中年度基础二科工作要点的落实情况，本着让评价变成欣赏和帮助的原则，实事求是地圆满完成评估工作。

10月，本人《看得见的时光》正式出版，标志着本人教育三部曲完成三分之二。

11月，参加宁城全市教育工作会议。学习、参观、交流学校优质、特色、多样化发展的经验。

11月，参加赤峰市教科研工作会议。

12月，增值评价一期报告完成，大连必由学派人培训说明报告内容，同时考察锦山中学增值评价情况。

12月，命制学科建设考核调查问卷相关问题，在教研室领导的带领下，赴九科首席专家所在学校考核评估，历时一周。全面了解了赤峰市当前学科建设的基本情况，同时，九科首席专家授课水平代表了赤峰市的教学高度，通过听课，拓展自己的教学视野，增进自己的专业基本功。

生命是一棵树，需要不断地修复

处在人生的一个制高点，一览众山小也罢，无限风光在险峰也罢，我在忙中偷闲，闲中思考，思考什么才是真正的人生？喝了25年的酒戒了，用了45年的乳牙终于下岗了，我自己以及为父母买的房子终于装修完成了，为保持教学状态的补习工作持续跟进着，运动终于再次成为我生活中的主旋律，读书与写作小有收获，网球重新回到生活，游泳与围棋的爱好与投入有增无减，完成继续教育网上培训以及诸多网上学习，参加了诸多朋友子女以及我的学生的婚礼，陪伴父母在老家过了一段田园时光，以更加冷静的头脑观察与思考赤峰教育的发展与未来。

搭建一个平台，成就一个舞台，演绎一段人生

山上有棵小树，山下有棵大树，哪一棵更高？作为一名基础教育工作者，一年来，我利用休息时间辅导个别学生，一方面与学生沟通了解他们的心理状况，一方面解决学生学业困难，二十年的台前一线教学工作经验与近两年的幕后管理工作实践相结合，理论与实际高度相契合，教育教学认知提升到一个新的高度与境界。一年来，我读书不辍，涉猎广泛，不断通过读书学习古今中外的精华，丰富自己的教育认知与生活实践，保持年均读书60本的状态。同时总结自己的教育实践，升华为教育思想，逐步建立自己的教育哲学——看得见的时光。

成长有时犹如在黑暗中寻找光明，更容易发现希望的方向。回顾自己前半生的点点滴滴，继续着我做真人真事的原则，无怨无悔。有时候为此不得不面对个别人的冷眼，世俗之人又何必怪之？当然，我也遇到太多的人对我问长问短，关怀有加。每当此时，我特别庆幸我教过的学生以及曾经与我共事的朋友，要知道，我是多么的想遇见人生中的自己？无奈知己难求，唯有自知。抛弃名利权，寻找真善美，整理生活，净化生活，优化生活，回归生活，找到真正的自己，唯有此路，不违初心。

践行一个思考者，成为一个思想者

教师的实践——独立之精神。自由之思想，并非总是物竞天择，适者生存，生命的更高阶段是进化论、创造论的哲学。知行合一，始终如一，大千世界有几人？一部分人选择沉默，无独立之精神；一部分人奔向金钱，无自由之思想。听命于他人的人生谈不上幸福与有价值，问心无愧地选择听命于自己的人生贵在良知的发现。生于忧患，死于安乐。要知道，伤痛是人生深刻的体验，更是人生难得的回忆。精简生活，删减杂念；世间万物，灵感所生；善于捕捉，为我所用。时光照进现实，好比人照镜子，天天发生，却不一定天天发现。

教师实践必须立足自身专业，教育必须关注的十个方面：《经济学》《管理学》《三国演义》《红楼梦》《三十六计》《苏东坡传》《中外寓言》《史记》、教育思考与美学欣赏，将十个方面渗透到信息世界、现实世界、心灵世界，真正将教育方向转向人的重心轨道上来，教育才变得立体丰满，从而走向恢弘大气。

岁月无声却有痕

2016年，我给赤峰教育报写过一篇报道《热度 高度 温度》，不妨摘录部分个人观点与奋战在教学一线的教师共勉。

教育三视图：正视图看课程，侧视图看评价，俯视图看管理。

课程走向实践，需要实施者保持高度。

教育是由过来人教育出发者，过来人既不忘记自己的经验，又不能照搬自己的经历，要以亲身经历为底色，为出发者涂色，坚决避免出发者重蹈覆辙的同时，更要从社会、学生、知识、学习的角度更新教育理念。为了让出发者自由地选择，过来人首先要做好选择。学生实现"青出于蓝而胜于蓝"的时间与质量，取决于教育者指向自己的"青出于蓝而胜于蓝"的个人规划。

评价走向人本，需要评价者保持温度。

教育评价是一种教育观察、一种教育反思、一种教育发现。评价的背后就是教师的职业操守与价值取向,横向建立学习的迁移平台,纵向建立学习的关联深度。评价的终极目标是自我评价与自我完善。正如教育的使命一样,实现知行合一、学思合一。教育评价是教育唤醒,从这一点上来说,评价有三个表现:听从呼唤主动开始、听从呼唤被动开始、继续睡去。

管理走向治理,需要管理者保持热度。

育人理念是科学性的表现,学校章程是法制性的表现,人尽其才是民主性的表现。坚持科学、法制、民主治校的原则,学校办学一定走在正确的道路上,只要砥砺前行,教育的梦想迟早会实现。从管理走向治理,特别需要学校管理者转换角色。管理往往站在高处面对被管理者,方向不明确的同时也不会上下齐心,从而产生教育不能与时俱进的停滞局面。当管理者与被管理者同高度,并且面向同一方向的时候,只要方向正确,发挥团队激励机制,教育才会有美好的未来。教育回归本源,去除功利化的办学模式,学校才能真正回归,成为人才成长的摇篮。人性化在学校里的表现有多么美好,教育在社会里的价值就有多么光明。

教育时空是立体的构建,每一个教育工作者要善于分析结构要素,科学选择教育视角,完成一代又一代青少年不可重复的青春塑造。

元年可待成追忆

赤峰基础教育继续坚持"控制规模,内涵发展;分类指导,办出特色"的工作方针，深入实施"一体两翼三评价"的整体发展策略，大力开展"六项行动"。

"一体两翼三评价"包括：

"一体"，即深入推进课程教学改革。

"两翼"，即优化内部治理结构，建立"读书—实践—写作"教育生活方式。

"三评价"，即改进对学校评价，改进对教师评价，改进对学生评价。

"六大行动"包括：

重建课堂教学，让教学变成研究；

构建学校自己的课程体系，让每个学校实现特色发展；

优化学校内部治理结构，让管理直接指向课堂、课程和教师成长；

建立校长、教师"读书—实践—写作"的教育生活方式，让每位教师成为课程领导者和反思性实践家；

改进和完善学校、教师、学生评价体系，让评价变成欣赏和帮助；

加强学科建设，让学校变成学习共同体。

上述理念与举措的提出，不敢说是卧薪尝胆之思，也不敢说是洪荒之力之举，却一定是多年观察、思考、感悟之后的精华所见，如今用力于当今的赤峰教育，我认为至少翻开了赤峰市基础教育的新篇章。一个人的能力有大小，一个人的认知有差别，我们每个人都绕不开这个围城。生活中的我们突破不了时空的限制，囿于生活的磁场中，可一旦放飞了我们的思想，灵魂至高无上，每个人都值得尊重与尊敬。历史不会忘记珍贵的时刻，向矢志不渝、坚定前行的教育人致敬！

未来如影随形

从我的人生元年开始，以后的每一年严格坚持个人"四项基本原则"：坚持尊老爱幼原则，陪伴父母与女儿进行一年一次的旅游；坚持生命运动原则，跑步、打网球、游泳、下围棋、练习书法，力求达到年轻态、健康人；坚持著书立说原则，完成教师版教育三部曲之三，着手学生版教育三部曲，着手数学专业著作，进而完成个人教育哲学体系建设；坚持专业立身原则，时刻不间断地学习并保持专业一流水准，我相信，做到如此地步，无论身处何地何岗位，做一个平凡的好人。面对社会上的是非种种，它不能改变我，我也不能改变它，于是，我知道，这不是我的过错，我要继续前行。时代终究会警醒，有一天，它可能追我而来，我与时代总会重逢，只不过互相领跑而已。我喜欢这种安排，并由衷地祝福一直在寻找真理、善行天下、播种美好信仰的人们砥砺前行，引领世界的未来。

现在

中学教师专业轨迹

学校教育的起点是教师,终点是学生,人类的文化因此而传承。教育力求始终如一,教育的时代性发展与教师的专业化轨迹息息相关。教师秉承"行—品—知"的教学原则,教师践行个人教育三部曲:"人生从此扎根""看得见的时光""只为情怀",让教师在教育引领时代的浪潮中独立潮头,指点江山,激扬文字,一颗心溢满教育情怀。

中学教师的专业轨迹关注专业标准、专业成长、职业倦怠。

一、中学教师的专业标准

(一)专业理念

教师专业成长以学生为本、师德为先、能力为重、终身学习为核心理念。

维度	领域	基本要求
专业理念	（一）职业理解与认识	1.贯彻党和国家的教育方针，遵守教育法律法规。 2.理解中学教育工作的意义，热爱中学教育事业，具有职业理想和敬业精神。 3.认同中学教师的专业性和独特性，注重自身专业发展。 4.具有良好的职业道德修养，为人师表。 5.具有团队合作精神，积极开展协作与交流
	（二）对学生的态度与行为	6.关爱学生，重视学生身心健康发展，保护学生生命安全。 7.尊重学生独立人格，维护学生合法权益，平等对待每一个学生。不讽刺、挖苦、歧视学生，不体罚或变相体罚学生。 8.尊重个体差异，主动了解和满足学生的不同需要。 9.信任学生，积极创造条件，促进学生的自主发展
	（三）教育教学的态度与行为	10.树立育人为本、德育为先的理念，将学生的知识学习、能力发展与品德养成相结合，重视学生的全面发展。 11.尊重教育规律和学生身心发展规律，为每一个学生提供适合的教育。 12.激发学生的求知欲和好奇心，培养学生学习兴趣和爱好，营造自由探索、勇于创新的氛围。 13.引导学生自主学习、自强自立，培养良好的思维习惯和适应社会的能力
	（四）个人修养与行为	14.富有爱心、责任心、耐心和细心。 15.乐观向上、热情开朗、有亲和力。 16.善于自我调节情绪，保持平和心态。 17.勤于学习，不断进取。 18.衣着整洁得体，语言规范，举止文明有礼貌

(二) 专业知识

专业知识	(五) 教育知识	19.掌握中学教育的基本原理和主要方法。 20.掌握班集体建设与班级管理的策略与方法。 21.了解中学生身心发展的一般规律与特点。 22.了解中学生世界观、人生观、价值观形成的过程及教育方法。 23.了解中学生思维能力与创新能力发展的过程与特点。 24.了解中学生群体义化特点与行为方式
	(六) 学科知识	25.理解所教学科的知识体系、基本思想与方法。 26.掌握所教学科内容的基本知识、基本原理与技能。 27.了解所教学科与其他学科的联系。 28.了解所教学科与社会实践的联系
	(七) 学科教学知识	29.掌握所教学科课程标准。 30.掌握所教学科课程资源开发的主要方法与策略。 31.了解中学生在学习具体学科内容时的认知特点。 32.掌握针对具体学科内容进行教学的方法与策略
	(八) 通识性知识	33.具有相应的自然科学和人文社会科学知识。 34.了解中国教育基本情况。 35.具有相应的艺术欣赏与表现能力

(三) 专业能力

专业能力	(九) 教学设计	36.科学设计教学目标和教学计划。 37.合理利用教学资源和方法设计教学过程。 38.引导和帮助中学生设计个性化的学习计划
	(十) 教学实施	39.营造良好的学习环境与氛围,激发与保护中学生的学习兴趣

续表

专业能力	(十)教学实施	40.通过启发式、探究式、讨论式、参与式等多种方式,有效实施教学。 41.有效调控教学过程。 42.引发中学生独立思考和主动探究,发展学生创新能力。 43.将现代教育技术手段渗透、应用到教学中
	(十一)班级管理与教育活动	44.建立良好的师生关系,帮助中学生建立良好的同伴关系。 45.注重结合学科教学进行育人活动。 46.根据中学生世界观、人生观、价值观形成的特点,有针对性地组织开展德育教育。 47.针对中学生青春期生理和心理发育特点,有针对性地组织开展有益身心健康发展的教育活动。 48.指导学生理想、心理、学业等多方面发展。 49.有效管理和开展班级活动。 50.妥善应对突发事件
	(十二)教育教学评价	51.利用评价工具,掌握多元评价方法,多视角、全过程评价学生发展。 52.引导学生进行自我评价。 53.自我评价教育教学效果,及时调整和改进教育教学工作
	(十三)沟通与合作	54.了解中学生,平等地与中学生进行沟通交流。 55.与同事合作交流,分享教学经验和资源,共同发展。 56.与家长进行有效沟通合作,共同促进中学生全面发展。 57.协助中学与社区建立合作互助的良好关系
	(十四)反思与发展	58.主动收集分析相关信息,不断进行反思,改进教育教学工作。 59.针对教育教学工作中的现实需要与问题,进行探索和研究

续表

专业能力	（十四）反思与发展	60.制定专业发展规划，不断提高自身专业素质

（四）专业表达

教师严格遵守教师职业规范，爱国守法、爱岗敬业、关爱学生、教书育人、为人师表、终身学习，践行自己的教育进行曲，实现自己的教育哲学。教师的行走轨迹需要教师自省并亲自实践，在学习与教学的时光里，不断记录自己的教育故事，书写个人的教育传奇，从而实现教师的教育人生。灵魂之所以高贵，人生之所以高远，修心启智是根本，人才是关键，教师首先从自我做起，将自身专业与人生实践相结合，实现自己的专业表达。

二、中学教师的专业成长

教师专业成长围绕自己成长、学生成长、同伴成长。自己成长指教师成长路径，学生成长指班级管理路径，同伴成长指教研共同体成长路径。

（一）教师路径

一级指标	二级指标	基本要求
A1为人师表	B1修身乐业	1.拥护党的各项方针政策，遵纪守法，为人师表。 2.热爱教育事业，作风民主，尊重学生，师生关系融洽。 3.坚守职业道德，遵守办学行为规范
A2课程创新	B2资源利用	4.根据所任学科特点，积累、开发和利用课程资源，实现课程教学的有效性和丰富性

续表

一级指标	二级指标	基本要求
A2课程创新	B3校本课程	5.利用自身特长和专业特点,积极进行校本课程的开发与实施,为满足学生个性发展做出富有成效的努力
A3课程教学	B4课程理念	6.深入理解和把握所教学科课程标准理念,依据课程标准进行课程教学
	B5参与态度	7.主动承担课题实验任务,积极参与课程教学的相关研讨与交流
	B6课堂教学	8.依据课程目标,合理设计教学活动。课堂教学效率高,学生课业负担轻。 9.积极进行课堂教学改革,注重激发学生学习兴趣,培养良好习惯,提高学生学习能力,学科质量在同类型班级中处于前列。 10.教师教的方式和学生学的方式得到根本转变,学生主体地位得到真正落实,学生素质得到明显提高。 11.教育教学富有个性,彰显魅力,逐步形成自己的教学风格
A4专业发展	B7专业素养	12.善于学习,热爱读书,坚持读书,有明确的读书计划与实施行动。 13.有较高的文化素养和教育理论素养
	B8教学研究	14.致力于青少年研究,把课程教学和青少年研究融于一体,真正实现"以人为本" 15.结合教学中发现的问题,善于进行自我反思和教学研究,不断实践,在解决教学问题方面有创新和突破 16.有一定的科研能力
A5团队引领	B9同伴互助	17.在课改中切实发挥专业引领作用,积极培养和带动青年骨干教师,工作得到同行的认可和好评
	B10成果共享	18.研究成果在本校、本地乃至区域教师中有一定影响

续表

一级指标	二级指标	基本要求
A6教育哲学	B11管理理念	19.参与实践管理，探索学生成长规律，思考教育，提出个人教育主张
	B12教学思想	20.构建个人教学思想体系

（二）班级路径

一级指标	二级指标	基本要求
A1班级管理	B1班主任	为人师表，以人为本，能力突出，善于读书与写作，不办班补习，班级管理形成自己的特色
	B2组织程序	班级各项活动组织有序
	B3激励机制	有激励措施和跟踪分析
	B4自主管理	班级学生自主管理能力较强，学生干部具备一定的领导能力
A2团队精神	B5合作意识	针对班级不同时期的发展现状，制定一定的具有约束力的班级公约，同时具备班级公约的执行力。班委会分工明确，互相配合，工作有力。任课教师团结合作，主动参与班集体建设的活动过程。班级各科教学均衡发展
	B6科学精神	班风浓厚，学风端正，班级活动务实
	B7人文情怀	学生个性发展，青春洋溢，对美好生活充满憧憬
A3班级环境	B8环保行动	班级开展环保活动，倡导绿色生活。班级布置与班级文化相对应，有利于学生身心发展
	B9家班合作	沟通及时，合作良好
	B10学习氛围	学习专心，听课认真，互相学习，不耻下问，正确对待学业困难，及时消化学习内容，不存在严重厌学行为与表现
A4学习状况	B11成绩	同类型班级整体学业水平突出。学校按成绩所分的各种类型的实验班原则上不予评优秀班集体

续表

一级指标	二级指标	基本要求
A4学习状况	B12习惯	学生学习习惯良好，班级进行良好习惯的针对性教育与管理。学生乐于科学探索，养成阅读习惯
	B13方法	开展学习方法研究，注重学生的学习效率，提倡快乐学习，讲究方法，不死读书，读死书。班级学困生转化有效。学生课业负担合理
A5全面发展	B14艺术课程	班级开展艺术发展课程
	B15体育课程	学生符合国家体育健康标准
	B16实践课程	学生积极参加社会公益活动、社区实践活动
A6人生规划	B17心理健康	学生具备良好的心态，人际关系融洽，对自己有准确的认知与定位
	B18理想规划	学生对自己的人生有合理的规划与梦想，并付诸行动
	B19学业规划	学生对待学业认知正确，规划有方案，行动有举措，达成有效果

（三）教研路径

一级指标	二级指标	基本要求
A1信念作风	B1学科宣言	有体现学科价值的学科宣言，并做出科学阐释；在阐释中能够体现出正确的学生观、教师观、学科观及行动追求
	B2师德组风	教研组长确立提升自身凝聚力、感召力和影响力的目标；组内有体现良好师德追求的组风，涌现出体现组风精神的优秀教师典型
	B3年度规划	每学年有依据《发展规划》制定的行动方案；教研组长和组员围绕目标规划都有明确的分工和责任，构建良好的合作关系
A2队伍建设	B4专业规划	组内教师有明确的成长目标，制定个体发展规划

续表

一级指标	二级指标	基本要求
A2队伍建设	B5途径方法	有切实可行的师德建设举措,明晰组内教师学习的内容和方法
	B6重点项目	确立本组教师发展的重点内容,分析本组教师发展迫切需要解决的问题并提出具体改进措施
A3课程教学	B7课程开发	制定必修模块课程实施纲要、选修课程开设模块及规划、若干课程纲要
	B8课堂教学	明确本学科变革课堂教学急需解决的问题及解决途径,教学方法、学习方式上有具体改进目标,课堂教学改革有项目和抓手
	B9学科质量	有明确的学科教学质量目标或《学科教学质量标准》,在减轻学生学业负担方面有具体举措
A4校本教研	B10教研制度	完善常规教研制度,不断创新教研方式,不断提高教研时效性
	B11教研内容	重点关注课程标准的落实,促进教学与评价的一致性,进行命题与作业研究等
	B12教研方法	注重形成教学风格,开展外出研修与交流
	B13教研成果	围绕学科建设中的问题组织攻关,申报课题,完成研究项目;对教师论文、案例等物化科研成果的数量与质量有进度要求
A5知识管理	B14科组档案	建立学科发展大事记载的文献体系,建立完整的个人专业档案
	B15业务档案	建立公开课、论文等学科业务档案库,整理学科教学资料库
	B16宣传推介	利用各种媒体宣传学科建设成果和教师典型,利用各种资源扩大学术交流的范围与影响,对宣传内容有记载和整理
A6品牌建设	B17特色项目	教研组依据学科发展要求拟订面向未来的特色建设计划及相应举措

三、中学教师的职业倦怠

教师也是人。人生之困：困难、困境、困惑、困苦。将教师的职业倦怠问题提高到人生高度，放眼到人性角度，用长征精神战胜困难，用东坡情怀突破困境。人非生而知之，孰能无惑？惑而求学，反思懈怠之由，建立怠学分析系统。幸福伴随着痛苦，从中华文明的发展史中挖掘人生哲学要义，特别是从儒家、道家、佛家中汲取积极的养分，建立一学系统，将人生的每一步都走得坚实、坚定、坚强。

（一）长征精神

用长征精神战胜困难。星星之火，可以燎原。人，总要有精神；教师，更要有精神，它是教育的火炬，照亮学子的人生路。长征二万五千里，各种困难串起的轨迹是人心最坚强的表达，教育要从长征精神中挖掘课题，将知识与品格教育通过长征路线图的形式呈现在学生面前，让学生用长征的精神磨炼自己的意志，进而形成良好的品质。

（二）东坡情怀

用东坡情怀突破困境。苏轼的一生受时代所限，如一叶木舟航行在人生不同际遇的长河之上，如果没有超然之境，人生怎能坦然处之？东坡忘情山水，为山川大河注入灵性；东坡自嘲不合时宜。面对现实，不如意十之八九，东坡的足迹可谓随波逐流，然而内心与行动却坚守个人底线，时代被苏轼甩在了后头。东坡用明月相寄情怀，诗词以明月为题，情感以明月为友，月光下的散步、酌酒、唱和成就了夜色的美。教育要以人为榜样，东坡是千年难得的知识分子的榜样，教师与学生都要从东坡的行走轨迹中发现人性的光辉，多一分自信与睿智,多一分旷达与勤奋。人活着,行走有轨迹,心灵亦有轨迹,教育要从生活中发现情怀的价值,发挥榜样的力量。做人,多学苏轼;教育,研究苏轼。

(三)怠学(见《人生从此扎根》)

怠学与困惑相关。教育要建立学业质量检测系统,教育要建立学业考试预警系统,将学科教学专业化、系统化,全程跟踪,时刻关注,多一分关心,多一分关爱,教育自然有了温度、热度、高度。怠学关系人的成长,建立怠学分析系统,从学生的内困挖掘动力,以学生为本,从学生实际出发,换位思考,寻求教育激励机制,让学习成为主动行为,为此,心理指导与人生指导课程,应该发挥应有的价值。

(四)一学(见《看得见的时光》)

一学与困苦相关。困苦绕不开生老病死、悲欢离合、七情六欲。教育从信仰出发,时刻反思"三力"(领导力、学习力、创造力)、"三生"(生活、生涯、生命)、"三观"(世界观、人生观、价值观)、"三向"(面向世界、面向未来、面向当代)教育。老子哲学,一生二,二生三,三生无数,世界精彩纷呈,人生苦短,岁月无情,立足当下,建立一学,始终如一。永远保持心灵的宁静,建立在心灵淡定基础上的人生,无论怎么看都是美好的,教育应当在此处用力。

消除职业倦怠,找到教育人生的意义,教师的专业化成长才会达到新的高度。

将来

21世纪学校：科学与哲学的相遇

构建教育时空

一、教育时空之维度构建

建立在时空主线下的教育维度主要包括四个方面。（见《看得见的时光》论述）

（一）点：知识

（二）线：人

（三）面：社会

（四）体：学习

二、教育时空之科学构建

学校是科学的驿站，教育遵循科学规律。（见《看得见的时光》论述）

（一）点：教学、重点+难点、观察点+突破点、建立课堂点与课题点，实现教即学与学即教的统一。

（二）线：管理、横线+纵线、全面+成长、建立流程线与成长线，实现做事与做人的统一。

（三）面：文化、表面+里面、内涵+外延、建立横切面与纵切面，实现年轮与年龄的统一。

（四）体：学习、成人+成才、共生体+共同体、建立生活体与学习体，实现生活与学习的统一。

三、教育时空之哲学构建

（一）走向现实的哲学

牛顿三大定律：【坚持】【改变】【共享】

牛顿是人类历史上最伟大、最有影响的科学家之一，牛顿是物理学家、数学家和哲学家，在1687年7月5日发表的不朽著作《自然哲学的数学原理》里用数学方法阐明了宇宙中最基本的法则——万有引力定律和三大运动定律。这四条定律构成了一个统一的体系，被认为是"人类智慧史上最伟大的一个成就"，由此奠定了之后三个世纪中物理界的科学观点，并成为现代工程学的基础。牛顿为人类树立起"理性主义"的旗帜，开启了工业革命的大门。

牛顿第一定律（惯性定律）：任何一个物体在不受外力或受平衡力的作用时，总是保持静止状态或匀速直线运动状态，直到有作用在它上面的外力迫使它改变这种状态为止。

第一定律说明了力的含义：力是改变物体运动状态的原因。

原来静止的物体具有保持静止的性质，原来运动的物体具有保持运动的性质,因此我们把物体具有保持运动状态不变的性质称作惯性。一切物体都具有惯性,惯性是物体的物理属性,所以此定律又称作"惯性定律"。

牛顿第二定律(加速度定律):物体的加速度跟物体所受的合外力成正比,跟物体的质量成反比,加速度的方向跟合外力的方向相同。表达式:$F_合=ma$

第二定律指出了力的作用效果:力使物体获得加速度。

该定律的六个性质:

(1)因果性:力是产生加速度的原因。

(2)同体性:$F_合$、m、a对应于同一物体。

(3)矢量性:力和加速度都是矢量,物体加速度方向由物体所受合外力的方向决定。牛顿第二定律数学表达式$\sum F_合=ma$中,等号不仅表示左右两边数值相等,也表示方向一致,即物体加速度方向与所受合外力方向相同。

(4)瞬时性:当物体(质量一定)所受外力发生突然变化时,作为由力决定的加速度的大小和方向也要同时发生突变;当合外力为零时,加速度同时为零,加速度与合外力保持一一对应关系。牛顿第二定律是一个瞬时对应的规律,表明了力的瞬间效应。

(5)相对性:自然界中存在着一种坐标系,在这种坐标系中,当物体不受力时将保持匀速直线运动或静止状态,这样的坐标系叫惯性参照系。地面和相对于地面静止或做匀速直线运动的物体可以看作是惯性参照系,牛顿定律只在惯性参照系中才成立。

(6)独立性:作用在物体上的各个力,都能各自独立产生一个加速度,各个力产生的加速度的矢量和等于合外力产生的加速度。

牛顿第三定律(作用力和反作用力定律):两个物体之间的作用力和反作用力,在同一直线上,大小相等,方向相反。表达式:$F=-F'$

第三定律揭示出力的本质:力是物体间的相互作用。

要改变一个物体的运动状态,必须有其他物体和它相互作用,物体之间的相互作用是通过力体现的。并且指出力的作用是相互的,有作用力必有反作用力,它们是作用在同一条直线上,大小相等,方向相反。

该定律五个性质:

(1)力的作用是相互的,同时出现,同时消失。

(2)相互作用力一定是相同性质的力。

(3)作用力和反作用力作用在两个物体上,产生的作用不能相互抵消。

(4)作用力也可以叫作反作用力,只是选择的参照物不同。

(5)作用力和反作用力因为作用点不在同一个物体上,所以不能求合力。

牛顿定律适用范围是经典力学范围,适用条件是质点、惯性参考系及宏观、低速运动问题。牛顿运动定律阐释了牛顿力学的完整体系,阐述了经典力学中基本的运动规律,在各个领域上应用广泛。

人生从此扎根:人类的生活离不开物质环境,教育的终极追求就是实现物我合一的境界。生活总有个开始、有个原点,为了彩虹般的梦想,再大的风雨也要扎根坚强。告诉世界,我曾来过。牛顿哲学为我们解读了世界。

(二)走向理想的哲学

相对论:【选择】【突破】【超越】

牛顿运动定律适用于质点。牛顿运动定律中的物体指的是质点,如果在分析问题时,物体的大小和形状无法忽略不计,那么可以将这个物体看成是无数个质点构成的质点系统,简称质点系。在质点系中,所有的质点运动都必须服从牛顿运动定律。牛顿力学适用于宏观物体的低速运动。1687年牛顿提出了著名的运动三大定律,低速运动指的是和光在真空中的传播速度相比,物体的运动速度要慢得多。对于宏观物体的低速运动,牛顿力学非常成功。19世纪末期,物理学在理论和实验技术方面不断进步,人类的观察领域不断扩大,通过实验观察到许多微观领域高速运动中的现象,人们用牛顿力学不足以解释这些现象。20世纪初期,量子力学的出现成功地解释了微观粒子的运动规律,爱因斯坦的相对论解释了高速运动的物理现象。在经典力学中,牛顿力学认为时间和空间都是绝对的。1905年,爱因斯坦提出物体处于匀速运动状态时,随着速度的增加,不仅质量会增加,而且空间和时间也会发生变化,产生相应的尺缩效应和钟慢效应,这就是狭义相对论。从1905年到1915年,爱因斯坦从匀速直线运动拓展到非惯性系,于是广义相对论诞生了。

爱因斯坦说:"无论时代的潮流和社会的风俗怎样变化,人们总是可以凭借自己的能力超越时代和潮流,走在正确的道路上。现在,大家都在四处奔走,为的就是房子和车子,这是我们生活的时代特征。不过,也有一些人追求的不是物质,而是理想和真理,想要寻求内心的自由和平静。"

看得见的时光:当我们有了一双坚强的翅膀,就要勇敢地飞翔。当我们选择了人生的方向就要义无反顾迈向人生的深处,披荆斩棘只为迎接那看得见的时光。爱因斯坦哲学为我们拓展了世界。

(三)走向灵魂的哲学

时间:【珍惜】【运动】【欣赏】

时间是用来测量两个时刻之间的间隔长短的物理量,它表示的是物质运动过程的持续性的顺序性。任何一种周期运动的周期都可以用来计时,中国的十二地支(子、丑、寅、卯、辰、巳、午、未、申、酉、戌、亥)是周期计时的例子。在物理学中,太阳两次经过子午线的时间间隔叫作一个太阳日,也就是一个昼夜。太阳日差异甚微,取一年中所有太阳日的平均值作为时间标准叫作一个太阳日,简称1日,1日24小时,1小时60分钟,1分钟60秒钟,把1日的1/86400作为时间标准。1967年第13届国际计量大会上,规定用基态铯-133原子的两超精细结构能级之间辐射周期的9192631700倍作为1标准秒。时间的特点是连续性、单向性、序列性,总是不停地流逝着。时间把客观世界的理性充分表现出来,成为人们了解世界、改造世界的一把利剑。时间影响遍及人们生活的各个方面,无所不在。

爱因斯坦(1879—1955)是20世纪著名的德裔美国科学家,现代物理学的开创者和奠基人,伟大的思想家和社会活动家,创建相对论。

在相对论中,时间和空间都是相对的,而不是绝对的。时钟只是人们制造的一种工具,用来测量地球上每一天的具体时间,是一个可以独立运行的机械系统,与地球自转一致。地球自转一周的快慢程度是最狭义的时间概念,"时、分、秒"就是对地球自转快慢程度的详细描述。从宇宙空间角度来说,时间指的是天体在宇宙空间中的准确位置和运动过程。因此,时间是绝对的。时间有主体、空间位置、运动三个主要特征。地球上的万事万物都是地球时间。从宇宙太空角度来说,所有天体的运动都是准确而有规律的,因此,时间可以比较与换算。宇宙的时间是可视的、整体化的。时间是从宏观到微观、从纵向到横向的一体化并列之物。天文学中的距离单位"光年"也是时间的放大形式。时间体现了天体的运动特征。爱因斯坦提出的狭义相对论基础是两个假定:一是相对性原理,指的是惯性系中所有的物理定理都具有相同的形式;二是光速恒定原理。鉴于地球公转与自转的同时性,所有定理不可能建立在同一匀速直线运动的惯性系下,加之时间的相对性与光速恒定原理相互矛盾,1916年爱因斯坦将狭义相对论进行拓展进而提出了广义相对论。广义相对论具有两个基本假定:一是广义相对性原理,指的是对于任何参考系来说,自然定律都具有相同的数学形式;二是等效原理,指的是在一个小范围内的万有引力等效于某个加速系统中的惯性,从而解决了引力场与惯性力场的等效问题。广义相对性原理解决了地心引力问题。宇宙中物质的分布情况决定了时空弯曲程度,时空不再绝对,光线在引力场中产生弯曲,不是沿直线传播,宇宙空间从三维拓展为四维,宇宙大爆炸代表了宇宙的起源及时间的起始。

世间的一切，痛苦也罢，快乐也罢，根源皆源于时间，破解了时间问题，前世今生就有了答案，生老病死就有了原因，七情六欲就有了解释。时间能够带走一切。世间的存在就是时间问题。

只为情怀：岁月倾入情怀，情怀融入岁月。岁月流逝，情怀依旧。人生可谓简单，有什么不可以放下，人去，情怀依旧。

冲出地平线

一、迁移思维

（一）教育与学校思维

★ 教育

物质与意识

教育要敢于放手！

教育不是生命的伪装，生命不是教育的奴隶。

阿木的教育轨迹：暂且以阿木代表一类教师。阿木是一名好老师，陪伴成了阿木教育生活的常态。创新与实践能力的缺失，自立能力的培养，生命质量的提升，教学艺术的改变，行走在教育工作者与教育思想的轨迹上，阿木没有完成最后一公里。

温水煮青蛙，青蛙已经死了。孩子们已经奄奄一息，没有大孩子的命令，不许脱去外衣。教育有时看起来无所谓，其实有时很悲哀。

教育的弹性系数：放手尺度与放纵尺度之比。只要不是放纵，就要不断放手。教育的真正舞台决定于放手的空间，不用教育是最好的教育。

表与里

教育发展是有高度的。人生高度：教育哲学，古今中外，前事不忘后事之师；人类高度：教育学规律；人性高度：心理学轨迹。教育偏失表现在艺术社会化、体育模式化、德育形式化、智育功利化。

点与线

教育关注目标与过程。目标是需要设定的，它是过程总结与反思的标识。过程是需要体验的，它是目标执行与价值的行动。脚踏实地，仰望星空。正如跑步，没有目标就没有方向，可能南辕北辙。单纯为了目标，前方的路与脚上的每一步距离反差太大，徒增疲惫，所以，有了目标就要享受地参与过程，将过多的目光转移到脚下的真实，放大眼下每前进一步的意义，让我们更有信心地前行。教育与生活如出一辙。教学与管理，前者关注过程，后者关注目标。教育要放手，两者的次序不能颠倒。教育观察不是用眼看，而是用心看，唯有如此，我们才能给教育以留白而不失为艺术。

★ 学校

管理与治理

学校的价值观：教学·管理=思想×尊重×情怀；

教师的价值观：人生·工作=理念×热情×能力；

学校文化：全面发展·个性表达；

班级文化：榜样·和家；

教师文化：发生·发现；

学生文化：恒·悟。

制度与规范

制度以法律的形式约束人不要犯错误,规范以流程的形式告诉人如何去行动。距离产生美!请与手机保持距离,请与异性保持距离,请与毒品保持距离,请与恶习保持距离,坚守办学底线。学校是灵魂的栖息地。没有底线就没有公平与正义,自然缺乏良知,教育就失去了操守,办学注定失败。

资源拥有率与资源利用率

工作要立足实际,一丝不苟,发挥才智,专心致志,紧紧围绕三步实施:

1. 建立规则,读懂语言。身心协调,科学安排,认识语言世界。教育是传承,文字语言、图形语言、符号语言,古今、中外、东西的文化都是在传承。

2. 建立习惯,发现联系。言行一致,示范引领。突破联系世界。教育是思考,是思路、思想、思维及行、品、知的实践。

3. 建立程序,战胜挫折。世界和谐,坚持学习。表达自我世界。教育是尝试,是对现实世界、信息世界、心灵世界及真、善、美的追寻。

(二)教师与学生思维

★ 教师

从上至下与从下至上

教育关乎人的存在感。

问:如何证明人的存在?

答:传承智慧,书写人生,艺术表达。

东方哲学的标志《易经》,协调·中庸,人文智慧;西方哲学的标志《相对论》，改变·创新，科学智慧。东方传记《苏东坡传》，淡定，宁静致远；西方传记《拿破仑传》，激情，壮志凌云。艺术，是自然之上的知性。只有通过自由而产生的产品，通过一种以理性为基础的任意行动而产生的作品才能称之为艺术。艺术是建立在规则之上的无规则的个性创造，源于自然高于自然。于是得出，人生三部曲：明德敏学，兴才盛世；修身养性，治国齐家；或静或动，或舍或得。工作三部曲：人生从此扎根，看得见的时光，只为情怀。

教与学

教育存在伪科学，能说的做不出来，能做的说不出来。言行一致者少之又少，去伪存真就是将言行不一致者删除，让教育回归专业解读。教师专业成长追求理念与行动的高度统一。当今社会存在两种极端，单纯理念无行动，说三道四；单纯行动无理念，低三下四。

全体与个体

教师与学生是学校的生命，学校必须尊重生命。学校组织教师集体过生日，班级组织学生集体庆祝生日，将同月出生的人组织一起，通过生日节点创造交流平台。

★ 学生

理论与实践

教育发展是有合力的。教育合力犹如生产力。教育与社会如影随形，不可分割，教育是社会的缩影。教育是社会的内涵，社会是教育的外延。农业社会带来生长问题，商业社会带来合作问题，工业社会带来效率问题，信息社会带来方式问题。教育生态注重不同的时间、空间、环境背景下学生与知识的深度融合。力的分解有不同的路径，合力指向一定要明确，否则教育就失去了方向。

结果与过程

教育发展是有生成的：生机—生气—生态；成人—成才—成功。

绝对与相对

立足未来，教育要时刻关注学生成长的性别取向问题及品性发展问题，设置男生节与女生节尝试性别探索，总结个性典型，尝试品格研究。

(三)知识与学习思维

★ 知识

确定与发散

抓住重点，突破难点。

纵向与横向

编织学习网络，建立学习结点。

综合与分析

德智体美平行式转向相交式。教育在古今中外的世界中建立串联与并联，最终形成混联格局。

★ 学习

脑与心

让学习态度成为生活的主流意识形态。

专心致志——一种务实的学习态度，一种务实的生活方式。

无论身处逆境还是顺境，必须保持冷静与良好心境，身可四处飘零历经磨难，脑与心不能饱受摧残，护脑护心就是要纯净自己，拿出环保意识，做一个纯粹的人。

思维与思想

人有高贵的灵魂。思想的高度成就高尚的人格。教育是唤醒，教育是境界。书写教育故事，教师本应是有故事的人，是有教育情怀的人。

认识世界，世界是多维的：心灵世界、现实世界、信息世界。教育个性发展离不开三个世界的精彩。王阳明：心即理、知行合一、致良知。核心素养：自主发展、社会参与、学习基础是核心素养的内容表述，自主、合作、探究是核心素养的行为表达。教育为人类的活动提供舞台，学校所做的就是寻找切入点，开展有针对性的耕耘。

被动与主动

记忆向理解转化，发生向发现转化，恒向悟转化。

二、优化行动

（一）理念化+哲学化

教育

作为一名中学教育工作者，力争全方位地思考中学生的发展问题。创办中学生发展研究中心是个美好的期望。每年发表一份《中学生发展研究》报告，研究指向课程学习指导（知）、心灵成长咨询（品）、人生规划设计（行）。以个人教育三部曲《人生从此扎根》《看得见的时光》《只为情怀》为教材，进行课程指导个案研究，进行心理咨询个案研究，进行人生指导个案研究，进行教师发展状况分析。

落实核心素养的教育生成，学习基础、自主发展、社会参与是三个坐标轴,加之时间构成四维空间坐标系,综合素质评价也就是看得见的时光。将内涵分解成若干个子内容,学生的成长轨迹清晰可见。学习基础注重成才,自主发展注重成人,社会参与注重成功,也就是知成、品成、行成。

管理

应当将精英教育转向大众教育,教育由面向少数人转向面向多数人。教育教学观的转化由八个要素决定:

1. 杜绝"清华+北大"成绩论,实行"重点率+本科率"成绩论;

2. 取消"实验班",实行平行分班;

3. 改变"清北+考试+补习+分数"的教育路径;

4. 改变"题海战术",建立学生作业评估系统,对学生作业情况进行科学分析;

5. 从习惯教育与心理教育入手,科学实施教师与学生的身心健康教育,培育21世纪教师与学生的新形象;

6. 追踪学校优秀教师的教学轨迹,弄清教育背后的阻力因素,增加教学前沿的动力因素;

7. 实行领导干部聘任制,实行全员考核制;

8. 建立健全教师岗位交流机制。

教学

教育的价值分为大、中、小三个层面:大教育关系国家与民族,安邦定国;中教育关系学校与社会,兴才盛世;小教育关系家庭与个人,安居乐业。学校的文化理念是"明德敏学,兴才盛世";学校的文化内涵是"三力、三生、三观、三向";学校的主题是教学,教学为了什么? 励志成人、立志成才。

学校以教学工作为重心,设置教学机构:课程办、教学办、教师办、学生办。学校开展以教学为中心的主题活动,紧紧围绕教学工作安排学校工作,唯有如此,学校工作才能真正指向教师与学生,实现人才的成长与幸福。以学校年度教学工作会议为平台,进行地区的教学现场会议交流,这是教学工作的盛宴。工作会议展示与交流教学成果:包括个人、教研组、科研团队、联考、水平考试、高考、增值评价表彰、优秀笔记评选、单元设计、主题设计、课堂、课题、课例等内容。教学离不开相关保障工作,以教学为中心,引领学校工作,对行政、管理、教辅一并表彰。

教师最重要的是持续的发展力。阅读教育报,摘录名言名句,印制典型文章,提高教师的思想境界。通过学校三大系统(读书、课程、社团)发挥教师才华。

建议个人书籍书写——我的工作实录。开展教师工作状态研究,按"人生从此扎根""看得见的时光""只为情怀"提供人才培养计划,以此为主题开展适合教师的教学活动。读书是最好的陪伴,阅读活动读出"过"之三境:过错、经历、超越。学科建设、时光教室、专业之家三位一体,让教师找到灵魂的落脚点,这也是教育三部曲("人生从此扎根""看得见的时光""只为情怀")的本意、实践落实的根本。

教学将研究落到实处。

教研态度是科学与艺术的融合,科学向前看,也就是创新;人文向后看,也就是传承。这是教研本应秉承的精神,无传承,无底蕴；过于传承，陈旧迂腐。教研在于行动与理念的持续更新。

落实四课分析：课堂—点—发现研究；课程—线—单元设计；课例—面—主题设计；课题—体—案例研究。落实教研分析：学生分析、习题分析、组建分析、考试分析（高考联考学业水平、教学大纲、考试大纲、考试说明）四课分析。落实教研评价：一票否决、组内互评、学校名片、作品、工龄赋分、成绩分析、听评课、会议表彰、教学底线、补课、学生与家长评议。落实学生学习：分层辅导，自学、互学、共学。

教学要找寻自己的位置。

从点中找寻位置：质评价、核心素养实质就是与16行、17品、18知的整合；从线中找寻位置：知、品、行系统——想学之方法研究、厌学之怠学研究、求学之效率研究；从面中找寻位置：学科记忆、学科解题、构建长征路线图、成人与成才构建直角坐标系；从体中找寻位置：核心素养与极坐标，行品知与空间直角坐标系。

学生的失意与失忆，表现在学习的想法与做法的失调。缺乏深刻性与理解力的教学意味着体验教学的缺失。笔记——学生时代最好的伴侣。

学校工作落实年度流程安排。

主题：全科教育—全程教育—全员教育

目标：知—品—行

平台：科学探究—立德树人—自主管理

实施：内涵（深度）—路径（长度）—成才（高度）

横向：统筹兼顾

纵向：专项突破

谈谈课堂构建，主要指教学设计。

★ 教师教学设计

流程	主题	设计	发生	发现
一	情境引入	目标导向		
		问题导学		
二	探究思维	目标导向		
		问题导学		
三	尝试拓展	目标导向		
		问题导学		

★ 学生教学设计

流程	关键	教师	学生	标准	教育规律
中心	学会倾听	抓住本原	听	知行合一	社会
突破	学会阅读	举一反三	读	情理合一	知识
交流	学会表达	分享思想	说	身心合一	人
总结	学会书写	记录笔记	写	学思合一	学习
反思	学会思考	巩固提高	思	恒悟合一	时空

谈谈课堂弹性。教与学就像接力赛跑。教师与学生是参与者，双方同时热身，同时到位，目标一致，路径畅通，时间是关键。过程决定于教师与学生的基础、教师与学生的次序，特别是教师与学生的交接棒传递。具体表现是教师送一程、引一程，学生接一程、跑一程。课堂弹性就在师生磨合过程中体现。

教学"先入为主"的理念产生两个影响：一是强化记忆思维，二是固化思维路径。万事开头难，切入口决定方向，突破口注重内涵。方向影响高度值，内涵体现深刻性。目标教学不是指明目标让学生

直奔主题，果真如此，教师成了导游，说是旅游，路线已经限定，况且每个景点的停留时间也有严格限制，不能因个别人影响团队的旅游进程。教学首先要创造，还原课程背景，先散为主，让学生发挥想象力、创造力，鼓励学生保持好奇心，以批判的精神，反复推敲思维的境界之门，在类比迁移中形成学生的自悟，建立学生的自我认知系统。

教学是传承。传承主要表现两点：抓住文化基点，提升个人认知。传承的关键是提出教与学的个人主张，否则只是传递不是传承。一堂课，一段时光，一段旅程，一部作品，作品的主人公未必是自己，即使是自己，也是艺术加工的形象。作品设计是大局观、智慧观，犹如电源的阴阳两条线，教师与学生在交流中实现智慧与灵魂的能量守恒，从理性与感性、科学与人文、时间与空间的不同侧面体现学习的和谐状态。西方之理，东方之情，情之深处至理，理之穷时至情。课堂成长伴随快乐、悲伤、成功、失败，在学习者不同的体验中实现教育的深度、广度、长度的拓展。个性成就品牌，质量成就品牌。学校在个性与质量两方面寻求平衡，优化课程体系，建立自学手册，构建学习方式，提供成长空间，逐步让学校成为文化的栖息地。质量是教学生命线，源于细节，源于优势，源于文化，源于成材。

（二）系统化+信息化

建立学校的助学系统，让助学故事成为学校文化的一部分，激励一批批学生传承青春的火炬；建立学校的三大成长系统：课程、社团、读书；建立学校的年级行—品—知系统：三力、三生、三观、三向；建立学校的心灵成长系统：一学、心课程、只为情怀。

（三）科学化+人文化

让知性连接理性与感性，让梦想连接理论与实践，让灵魂连接物质与精神，让情怀连接理想与现实。生活需要放声歌唱，校歌、班歌，一月一歌，让歌声串起学校的旋律。人的成长需要激励与表扬，设置相关的平台，成就相应的荣誉学生、荣誉教师、荣誉殿堂，为荣誉而努力。

三、弘扬长征精神

（一）长征记忆

从1934年10月至1936年10月，红军第一、第二、第四方面军和第二十五军进行了伟大的长征。在漫漫长征途中，英雄的红军将士同敌人进行了600余次战斗，血战湘江，四渡赤水，巧渡金沙江，强渡大渡河，飞夺泸定桥，鏖战独树镇，勇克包座，转战乌蒙山，红军跨越近百条江河，攀越40余座高山险峰，征服包括海拔4000米以上的20余座空气稀薄的冰山雪岭，穿越了被称为"死亡陷阱"的渺无人烟的沼泽草地，纵横十余省，长驱二万五千里，击退上百万穷凶极恶的追兵阻敌，用顽强意志征服了人类生存极限。在风雨如磐的长征路上，崇高的理想，坚定的信念，激励和指引着红军一路向前。在红一方面军二万五千里的征途上，平均每300米就有一名红军战士牺牲。长征这条红飘带，是无数红军的鲜血染成的。艰难可以摧残人的肉体，死亡可以夺走人的生命，但没有任何力量能够动摇英勇红军的理想信念。

（二）长征精神

人是需要有精神的，21世纪最好的精神源泉莫过于长征精神。

长征的胜利,靠的是红军将士压倒一切敌人而不被敌人所压倒,征服一切困难而不被困难所征服的英雄气概和革命精神。长征历时之长、规模之大、行程之远、环境之险恶、战斗之惨烈,在中国历史上是绝无仅有的,在世界战争史乃至人类文明史上也是极为罕见的。红军将士上演了世界军事史上威武雄壮的战争神话,创造了气吞山河的人间奇迹。80多年来,世界范围内关于红军长征的报道和研究层出不穷,慕名前来寻访长征路的人络绎不绝。国际社会越来越多的人认为,红军长征是20世纪最能影响世界前途的重要事件之一,是充满理想和献身精神、用意志和勇气谱写的人类史诗。长征迸发出的激荡人心的强大力量,跨越时空,是人类为追求真理和光明而不懈努力的伟大史诗。

2016年是纪念中国工农红军长征胜利80周年。大浪淘沙,穿越时光,行走在21世纪的历史长河中,长征精神成为世纪逐梦人的不朽丰碑,召唤着人类不断向前、向前、再向前!

(三)长征智慧

智力长征、智力运动会。将长征的主要地点设置成智力团队闯关项目点,寓科学知识于活动之中,参照密室逃脱、求助热线,考验团队协作能力。建立科学突围图,开启学生思维运行模式。

知为师、行为范、品为人。将"行—品—知"三年规划设置成长征路线图形式,每一步以地图形式呈现思维导图解决方案,串起学习路线图。

教育三思而行:学校怎么办?思路—选择的哲学—行;教师怎么看?思想—境界的哲学—品;学生怎么想?思维—认知的哲学—知。

智慧是三思过后的问题串，带着问题来，带着快乐去。

四、践行教育哲学

（一）教师三部曲

人生从此扎根

教育是平凡的，将国家政策务化为本校特色，教育一定是平凡的，也一定是最成功的。学生的成长以《中小学生守则》为标准，教师的发展以《中小学教师职业规范》为标准。

中小学教师职业道德规范（2008年9月1日）

1. 爱国守法。热爱祖国，热爱人民，拥护中国共产党领导，拥护社会主义。全面贯彻国家教育方针，自觉遵守教育法律法规，依法履行教师职责权利。不得有违背党和国家方针政策的言行。

2. 爱岗敬业。忠诚于人民教育事业，志存高远，勤恳敬业，甘为人梯，乐于奉献。对工作高度负责，认真备课上课，认真批改作业，认真辅导学生。不得敷衍塞责。

3. 关爱学生。关心爱护全体学生，尊重学生人格，平等公正对待学生。对学生严慈相济，做学生良师益友。保护学生安全，关心学生健康，维护学生权益。不讽刺、挖苦、歧视学生，不体罚或变相体罚学生。

4. 教书育人。遵循教育规律，实施素质教育。循循善诱，诲人不倦，因材施教。培养学生良好品行，激发学生创新精神，促进学生全面发展。不以分数作为评价学生的唯一标准。

5. 为人师表。坚守高尚情操，知荣明耻，严于律己，以身作则。衣着得体，语言规范，举止文明。关心集体，团结协作，尊重同事，尊重家长。作风正派，廉洁奉公。自觉抵制有偿家教，不利用职务之便谋取私利。

6. 终身学习。崇尚科学精神，树立终身学习理念，拓宽知识视野，更新知识结构。潜心钻研业务，勇于探索创新，不断提高专业素养和教育教学水平。

针对以上学生与教师的规范准则，学校始终进行学生学习懈怠研究和教师职业倦怠研究。建立学校的荣誉殿堂，将教师与学生的终身学习状态记录融入学校的管理。学校认同是学校的核心文化要义，人生·工作=理念×热情×能力。课程体系渗透理念，学校规划渗透热情，工作计划渗透能力。教育要营造公开透明的环境，接受监督，督促自我。

看得见的时光

开展教育观察。用放大镜找优点（激励意识），用显微镜找缺点（忧患意识），用望远镜找远方（改革意识），用平面镜找意义（务实意识）。教育打动人的心灵，心如明镜。《坛经》记载：五祖弘忍一日唤门人尽来，要大家各作一偈，并说若悟大意者，即付汝衣法，禀为六代。神秀说："身是菩提树，心如明镜台，时时勤拂拭，勿使惹尘埃。"惠能说："菩提本无树，明镜亦非台，本来无一物，何处惹尘埃。"

只为情怀

教师且行且珍惜，边教边学，书写个人故事，谱写个人情怀。

（二）学生三部曲

冲出地平线

中学生守则是为人之本。

中小学生守则（2015年修订）

1. 爱党爱国爱人民。了解党史国情，珍视国家荣誉，热爱祖国，热爱人民，热爱中国共产党。

2. 好学多问肯钻研。上课专心听讲，积极发表见解，乐于科学探索，养成阅读习惯。

3. 勤劳笃行乐奉献。自己事自己做，主动分担家务，参与劳动实践，热心志愿服务。

4. 明礼守法讲美德。遵守国法校纪，自觉礼让排队，保持公共卫生，爱护公共财物。

5. 孝亲尊师善待人。孝父母敬师长，爱集体助同学，虚心接受批评，学会合作共处。

6. 诚实守信有担当。保持言行一致，不说谎不作弊，借东西及时还，做到知错就改。

7. 自强自律健身心。坚持锻炼身体，乐观开朗向上，不吸烟不喝酒，文明绿色上网。

8. 珍爱生命保安全。红灯停绿灯行，防溺水不玩火，会自护懂求救，坚决远离毒品。

9. 勤俭节约护家园。不比吃喝穿戴，爱惜花草树木，节粮节水节电，低碳环保生活。

励志成人，立志成才——看得见的时光（自主管理、年级管理、学校管理）。

孔子曰："非礼勿视，非礼勿听，非礼勿言，非礼勿动。"——

《论语》

教育存在：看到什么？听到什么？说到什么？做到什么？

当代理念：

人生，不断积累你的个人财富！

人生，演绎自己的交响乐！

人生，持续地个性表达！

人生，坚守底线，坚持原则！

内涵：奖励·鼓励·勉励·激励、自律·自信·自尊·自强。

实施路径：

视——银行储蓄；

听——艺术欣赏；

言——舞台表演；

动——模拟法庭。

发生·发现

生活与教育同步，发生与发现同时。生活时时发生，人文情怀是生活的血脉。教育常常发现，科学精神是教育的灵魂。生活省察教育，发生教育存在。教育透析生活，发现生活轨迹。生活回归教育，走向纯粹。教育走向生活，回归完备。

青春梦

将思想带入作品，将激情与梦想带入未来的展望中。用时光穿越、对话式、分享式、青春梦勾勒昨天、今天、明天的时光轨迹，将多人的昨天之梦、今日之梦、明天之梦切入其中，用多棱镜式反思青春。可学习薄伽丘《十日谈》、柏拉图《理想国》等作品的形式与风格。青春之梦就是要做梦之人亲自书写个人的生命传奇。

(三)学校时光哲学

世间尘事,睁一只眼——看得见的时光,闭一只眼——看不见的时光,一切尽在时光里,无论时光怎样变幻,心,永远明净。

心境+眼界=境界。教育生涯的三个境界:看什么都是自己、看什么都是学校、看什么都是教育。

让生命有底色,让青春有色彩,让梦想有召唤,让世界有吸引。中学时代的美好时光,就是将青春绽放在生命里,将梦想放飞在世界中。

时光分解如下:

1. 周周:年鉴记录时光,学校反思与总结。

2. 月月:文化彰显主题。学校文化滋润,生机不断,关心国事、家事、天下事。

3. 年年:教学突出重心,工作有意义。校训辐射全校工作,"形散而神不散",保证学校工作不是拼盘,学校不是什锦盒。工作有方法:理念指导行动,先有主张,再有思考,最后有行动。学校是产生教育火花的地方,每年必须开展创新理念收集工作,让思想的火花时刻在学校闪烁。工作有行动:教学工作会议引领全校工作。

4. 三年:坚持系统培养,全面育人,有始有终。

学期年历节点——5月5日文艺节(家长参与),6月6日体育节(家长参与),暑假微电影+社会实践,9月9日女生节(家长参与),10月10日男生节(家长参与),寒假阅读行动。

时光流淌,真实记录,教育年鉴、校鉴、班鉴、学生鉴、教师鉴,看得见的时光。

综合学校的发展轨迹，提炼学校的办学思路，其中三点经验要持之以恒，一以贯之。

（一）理清教育发展的脉络，探寻教育改革的路径。

地方教育发展与国家改革的整合。科学推进课程改革与评价改革。学校必须有自己的教育主张，你做什么决定你成就什么。荀子为学，善借外力，教育要抓住学校改革的发力点与生长点。学校核心工作的依据：学生——中学生守则，教师——教师职业道德规范，课程——核心素养。

（二）学校教育实践落实人才战略

全面发展人！人才是学校发展的动力之源，人才的指向是教师的发展与学生的成长。读书要读出自己、读出方向、读出价值。立足实际，读书改变知识，知识改变命运。积极加强学科建设，培育学习共同体。和谐的专业团队是学校的立校之本、教师的专业之家。

学校定位的核心指向教师，教师定位的核心指向课程，课程定位的核心指向课堂，课堂定位的核心指向教学与管理。教学指向基础课堂与拓展课堂，管理指向班级管理与学校管理。学校中的每一名员工都应落实双岗责任制（A.基础课堂与拓展课堂，B.基础课堂与班级管理，C.基础课堂与学校管理，D.拓展课堂与学校管理）。

（三）建立研究型学校

学校研究的重心是课程建设，将学校发展、教师发展、学生发展综合起来考虑。建立以课程研究为导向的学校文化。以单元设计为切入点，学校落实年度计划，教师落实教材整合，学生落实综合评价。从战略上落实"主题·探究·表现"的理念,从行动上落实"目标·达成·评价"的理念。

教师研究的重心是"学生学习+教材知识"的科学理论与"身心健康+课堂教学"的人文实践。

学生研究的重心是行—品—知系统成长轨迹。

学校、教师、学生高度契合,深度融合的学习生态交织着多种对应,一生对多师,一生对多生,一生对多课程,一课程对多生,一师对多项目,一项目对多师,一个合作共同体对多师,一师对多个合作共同体等。成长在对应中实现,文化在关系中产生。

校　说

韩愈在《师说》中道出了教师的价值:"古之学者必有师。师者,所以传道授业解惑也。人非生而知之者,孰能无惑?惑而不从师,其为惑也,终不解矣。"现代学校教育将"师说"拓展为"校说"。

(一)知识分子的人格

好老师让生命走向情怀,践行《只为情怀》。教师为传道,从国学与哲学中汲取精华,探求真善美的和谐。道之不存,不复师焉,教育成无品之教,办学自欺欺人。

完整的人格力求知行合一,身心合一,言行合一,学思合一。中华民族优秀的传统文化孕育了无数文化名人,从名人生命轨迹里追寻为人之道。东方与西方哲学碰撞中产生了人类耀眼的人性光芒,从智慧火花中感悟生命的美好。教育流淌着生命的情怀。

(二)学校教育人才观

好学生让生涯走向《看得见的时光》。教师为授业,从人本主义与建构主义理论中汲取精华,培育全面发展的人。业之不精,不复师焉,教育成无知之教,办学急功近利。

人是原点,也是终点,教育的主体是人的成长。人是才之始,才是人之成,做人有始有终方为人。拔苗助长必然导致教育"遗传"漏洞,成为人才培养的切肤之痛。

全人教育的理论基础是人本主义。人本主义心理学是20世纪五六十年代在美国兴起的一种心理学思潮,其主要代表人物是马斯洛(A.Maslow)和罗杰斯(C.R.Rogers)。人本主义的学习与教学观深刻地影响了世界范围内的教育改革,是与程序教学运动、学科结构运动齐名的20世纪三大教学运动之一。人本主义学习理论是建立在人本主义心理学的基础之上的,有别于精神分析与行为主义的心理学,主张把人作为一个整体来研究,主张从人的直接经验和内部感受来了解人的心理,强调人的本性、尊严、理想和兴趣,认为人的自我实现和为了实现目标而进行的创造才是人的行为的决定因素。反思教育,启示颇多,为师之道,重视学习者的内心世界,肯定学生的本质,重视教师的态度定势与教学风格,重视意义学习与过程学习,消除行为主义和精神分析学习论的片面性。建构主义者认为,世界是客观存在的,每个人自己决定对于世界的理解和赋予的意义。每个人以自己的经验为基础来建构现实,或者至少说是在解释现实。每个人的经验世界是用自己的头脑创建的,由于经验以及对经验的信念不同,对外部世界的理解因而迥异。学习不是教师简单地把知识传递给学生,而是由学生自己建构知识的过程。学生不是简单被动地接收信息,而是主动地建构知识的意义,这种建构是无法由他人来代替的。学习过程同时包含两方面的建构:一方面是对新信息的意义的建构,同时又包含对原有经验的改造和重组。建构主义者强调学习的主动性、社会性和情境性。

(三)学校教育场效应

好学校让生活走向《人生从此扎根》。教师为解惑,从多元智能与经济学、管理学理论中汲取精华,成就个性成长的人。惑之不解,不复师焉,教育成无行之教,办学虚度青春。

教育场促进人的进步,场效应发挥潜移默化的作用,身在场中,在善于借力的同时也不要忘记使用好自己的指南针。

传统智力理论认为,语言能力和数理逻辑能力是智力的核心,智力是以这两者整合方式而存在的一种能力。20世纪70年代耶鲁大学的心理学家罗伯特·斯滕伯格(Robert Stenberg)提出三元智力理论(分析性智力、创造性智力、实践性智力)。20世纪80年代哈佛大学认知心理学家加德纳所提出的多元智能理论,定义智能是人在特定情景中解决问题并有所创造的能力。他认为,我们每个人都拥有八种主要智能:语言智能、逻辑—数理智能、空间智能、运动智能、音乐智能、人际交往智能、内省智能、自然观察智能。他提出了"智能本位评价"的理念。当今世界全球化、信息化、经济化逐步发展,教育与时代同步,必须融入经济学的思想精髓,运用管理学的先进理念,让学校成为智能发展的空间,将学校的教育磁场变成人才的摇篮。

　　学校办学从"行—品—知"系统论出发。行即场,学校开展团队建设,团队建设是文化建设的方向,是课程建设的目标。品即人格,学校开展文化建设,文化建设是团队建设的载体,是课程建设的内涵。知即学习,学校开展课程建设,课程建设是团队建设的主题,是文化建设的核心。反思学校教育的规律,检验学校办学的标准,发挥学校办学的合力,打造三位一体的向心力,直接指向教育的美好愿景。